「暗橋（あんきょう）」で楽しむ東京さんぽ

暗渠にかかる橋から見る街

吉高

実業之日本社

ようこそ「暗橋」の世界へ

暗橋とは何か

暗渠と暗橋

元々、水が流れていた川や水路、その流れを地下に移してしまったもののことを暗渠（あんきょ）という。我々吉村・髙山は、これまでの著作で申し上げてきた通り、これを拡大解釈して、仮に地下にさえ水の流れが絶たれてしまったもの、すなわち単なる川跡・水路跡も含めて暗渠と呼んでいる。まずはこの本でも、そんな前例にならうことをお許し願いたい【写真1・2】。

その暗渠に架かる、あるいは架かっていた橋がある。それを「暗橋（あんきょう）」と呼ぶことにしよう。

【写真1】渋谷区幡ヶ谷2丁目の暗渠。元の水路は下水道となってこの道の下を今も流れている

【写真2】杉並区高円寺南3丁目。地下に流れは残っていない単なる川跡。しかしここではこれも暗渠と呼ぶ

暗渠探しの手がかり「暗渠サイン」

暗渠を歩いていると、よく見かけるものや風景がある。それは、車止めや、銭湯や、暗渠道に背を向けるように立ち並ぶ家並みだったりするのだが、それぞれはちゃんと論理的な因果関係を持つものたちだ。

車止めは、構造上もろい暗渠上の道に重量のある車が進入するのを防いでいる。銭湯は、水路の脇に建つことで排水の便を確保したものだ。背を向ける家並みは、そこが元川だったのだから入口を設けるわけにもいかず、自然と「後ろ向き」に並んでしまったものである。全て「以前川だった。だから、こうなっている」のだ。

これを逆手にとれば「こうなっている。なぜならば、以前川だったから」という理屈が成り立つ。暗渠を探す時には、こういう特徴的な物件が大きな手がかりとなるもので、多くの暗渠愛好家はこれを「暗渠サイン」と呼び、街歩き時には常に目を光らせているのである**【図1】**。

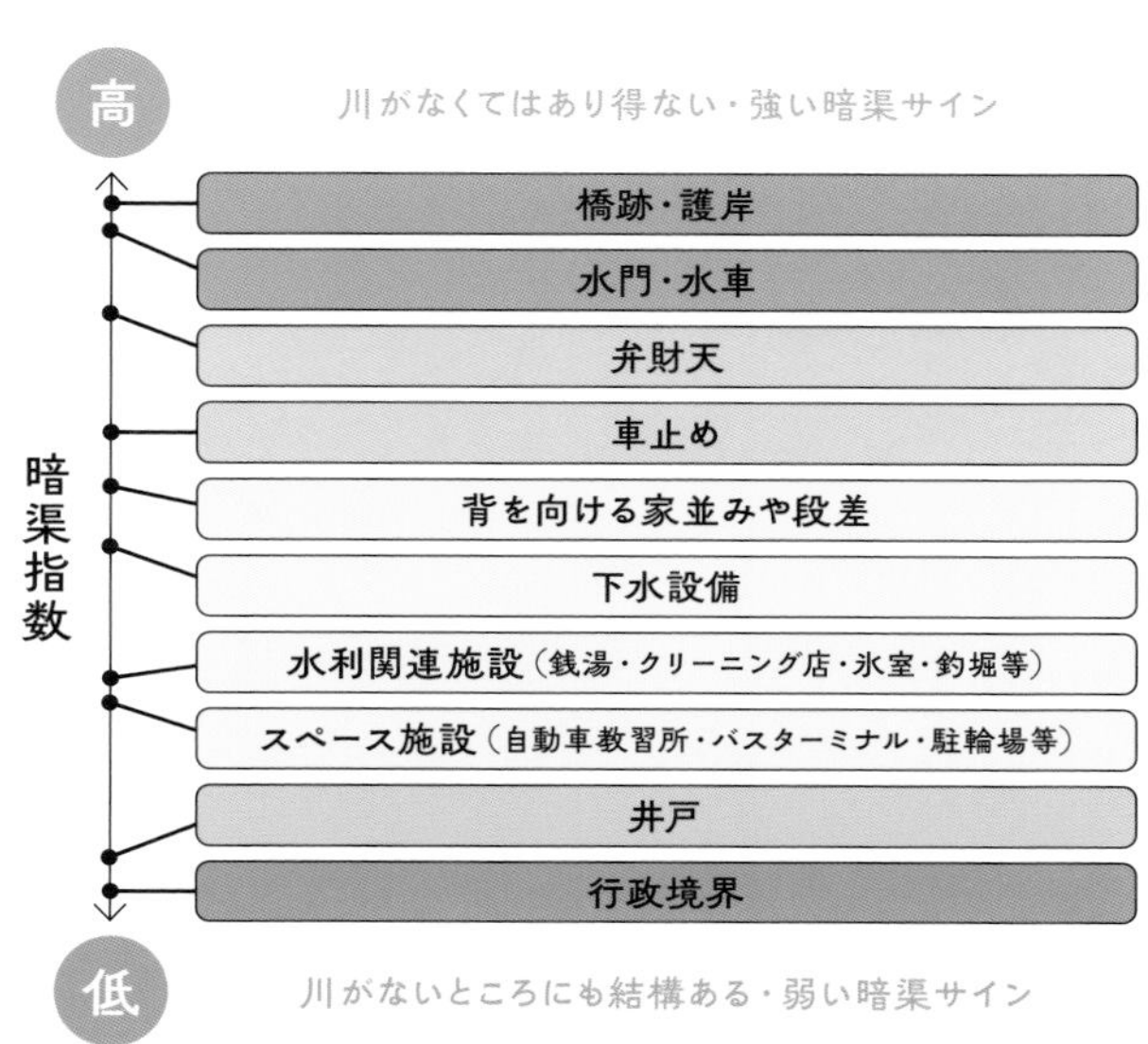

【図1】主な暗渠サインの一覧。強弱は必ずしも数字の根拠があるわけではなく、高山の経験値によるもの。それでも橋跡（暗橋）はほぼ確実な暗渠サインだ。詳細は拙著『暗渠パラダイス！』等を参照されたい

ただし、暗渠サインにも強弱があって、「暗渠でも見るけれど、ほかでも見ることができるよね」という弱い（暗渠指数が低い）暗渠サインもあれば、「これがあれば絶対ここは暗渠」という強い（暗渠指数が高い）暗渠サインもあるのだ。

例えば先にも挙げた車止め。暗渠を守るだけではなく、公園や私有地などの「安全地帯」一般への車両進入を防ぐために使われているケースもあるので、強めとはいえ確実とは決していえない。そして銭湯。高山調べで、近年廃業してしまったものも含め23区内４９３軒の立地を見渡すと、川沿いもしくは暗渠沿いにあるのは２６４軒。全体のうち53・5％が水がらみの立地となっている。すなわち、銭湯は「半々よりちょっと強い」くらいの暗渠サインだといえる（強弱には地域差もあって、江戸川区、大田区、足立区などは8割以上が該当する「強さ」だが、文京区、台東区、中野区、千代田区などではその数3割にも満たないという「弱さ」である）。

最強の暗渠サイン、橋跡

では、「強い」暗渠サインとは何か。その代表格が、橋跡である。道端に、橋の欄干や親柱（橋の両端にある柱で、橋名や築年が書かれている場合も多い）がひょっこり現れたなら、そこはほぼ確実に、川があったに違いない。

同じく、十中八九は暗渠だろうというものに水門や水車がある。しかしこれらは「灌漑などのために水量を調節する」「水の流れを動力に変える」などの特別な意図のために作られた特別な装置であり、そうそうあちこちにあるものではない【写真3・4】。またコンクリートや石積みなどの護岸が残る暗渠もあるが、暗渠化とともに大部分は埋もれており、見付ける・見分けるのも困難だ【写真5】。

そう考えると、人々の暮らしとともに川に架けられたであろう橋の跡は数も多く、最もわかりやすく、身近に見付けやすい暗渠サインであるといえる。そんな最強の暗渠サインである「暗渠に架かっていた橋」の跡の総称が、「暗橋」なのである。

ただし、暗渠化の過程で暗橋も根こそぎ撤去されてしまうことも多い。水面とともに都下あ

【写真3】青森市の旭町通りを歩いていると突如路上に現れる水門。普通の道にこんなものはあるはずがない

【写真4】板橋区四葉1丁目、水車公園が蓮根川暗渠のほとりにあり、ここに水車が再現されている

【写真5】板橋区志村3丁目、蓮根川の往時をしのぶ護岸。単なる駐輪場の縁石かと見過ごしてしまいそう

ちこちにあったであろう橋も今は消滅しているケースがほとんどで、親柱や欄干の一部などが何らかの形で残っているのは非常にレアなのだ。それゆえ、地域の教育委員会などによってこれらを別な場所に移設・保護されることもあるが、そういう場合では必ずしも「暗橋がある場所＝川があった場所」ではないので注意が必要だ。

暗橋が抱える奥深い魅力

そもそも、橋とは多義的なものだ。『川の文化』を著わした北見俊夫は、「道の終わりはハシである。しかし、その終わりは遥か彼方へつながる期待を込めている。日本語のハシは『端』で端末を意味するとともに（中略）『橋』も『箸』も『梯』もみなハシであって、二つのものを結び付けるハシは、同一平面をゆききする水平思考と、上下を上り降りする垂直思考を兼ねている」と、その内包する世界の広さを説いている。これらも含み置きながら、橋、そして暗橋の持つ意味について整理しておこう。

モノには「機能的価値」と「情緒的価値」があるという。橋の持つ機能的価値を考えると、端的にいえば利便性であろう。川で隔てられた両岸を結び、人や物の行き来を可能にするのが橋である。では情緒的価値は何かといえば、これはいろいろありそうだ。文化の異なる彼岸に架けられた橋は、未知の世界に出ていく神秘の扉であり、また異世界から自分たちを守る結界でもあったはずだ。そればかりでなく、北見が言うように天や宇宙にもつながる、壮大なインターフェイスであったかも知れない。だからこそ、橋のたもとに境の神が祀られたり、擬宝珠（ぎぼし）

【写真6】 江戸川区江戸川5丁目、暗渠上の工事で切り取られ放置される「藤五郎橋」の親柱暗橋。行く末が心配されたが再び暗渠上に配置された

に願が掛けられたり、傍に橋の供養塔が建てられたりと、人々の精神世界に強い結び付きを持っているのである。この情緒価値は、橋に付けられた名前や橋による意匠にも反映されていることだろう。

そして橋が暗橋となって彼岸と此岸の境目が物理的に消え、かつて持っていた機能的価値がほぼ薄れてしまった今も、情緒的価値だけは今なお色濃く感じることができる。さらに暗橋となることで、暗渠の持つ儚さまでをも情緒的価値として代表しているのだ。地下に水を追いやって蓋をした道＝暗渠とはフラジャイルなものである。そして、暗渠化とともに撤去され、わずかに一部だけ残る暗橋もまたフラジャイルなのだ**【写真6】**。

暗橋を通して、かつての東京23区内に張り巡らされていた川や水路に思いをはせてみよう。整ったもの、屈強なもの、新しいものにあふれたいつもの日常とは違った風景が、あなたの目の前に現れてくるはずだ。

髙山

目次

【第2部】

暗橋を理解する「暗橋資料」編

3 暗橋、その名の由来を探る

4 残り方から見る暗橋

・本書掲載の地図は、特記以外はDAN杉本氏制作のカシミール3Dで「スーパー地形セット」と国土地理院の「地理院地図」を使用して制作したものです。
http://www.kashmir3d.com/

【第1部】

歩いて愉しむ
「暗橋さんぽ」編

机上や地図だけでは実感できない！
現地を歩いてこそ、暗橋が「見えて」くる。
暗橋を愉しめる8コース、歩いてみよう。

1 暗橋散歩モデルコース

渋谷、銀座、浅草、深川。
それぞれ東京を代表するメジャーな街だけに、何を言っても「いまさら?」感がつきまとうもの。
ここではそれを覆し、これまで誰も語らなかったこれらの街の新しい魅力を、
暗橋を愉しむ散歩コースとして紹介していこう。

① パワーの源泉を探る 渋谷川さんぽ

歩行距離
約3.5km

最寄り駅
START
JR山手線
渋谷駅
⬇
GOAL
JR総武線
千駄ケ谷駅

シブヤは活気と若者と話題性の街なのだ

長年にわたる駅周辺再開発で日々変わりゆく渋谷。あなたにとっての渋谷は、どんな街だろうか。ある調査によると、渋谷は東京でも屈指の「活気がある(79・0%)」、「若者向けの(78・1%)」、「話題性のある(75・1%)」街であるという(メトロアドエージェンシー令和3年調べ・n＝800)。そんな渋谷で愉しめる「暗橋さんぽ」をここでご紹介しよう。

交通情報でよく耳にする「浜崎橋」「一之橋」などはいずれも、古川という開渠の川の上に架かる首都高速のジャンクションの名前だ。その古川の、天現寺橋交差点付近から上流が渋谷

【地図1】

シブヤのパワー探索マップ

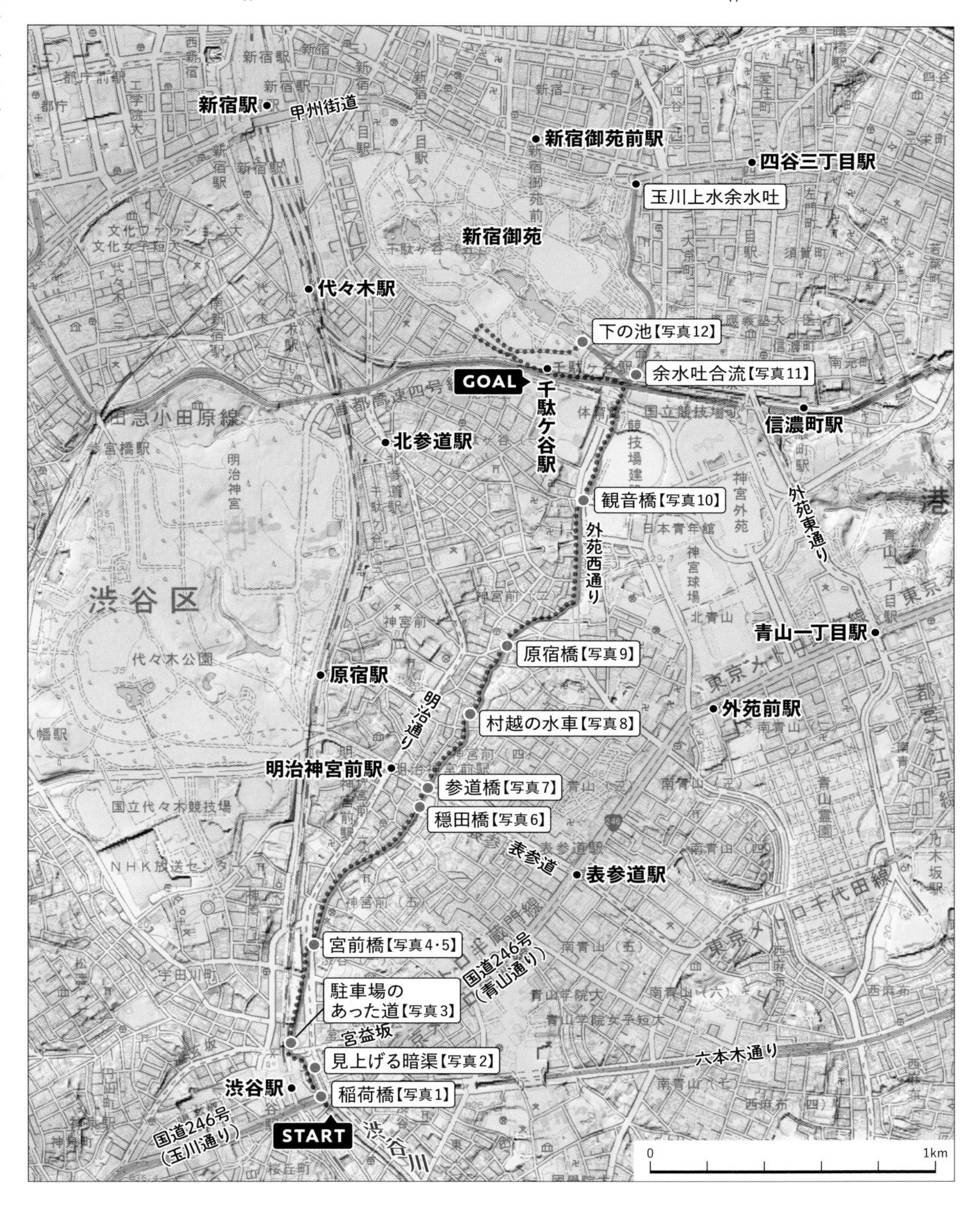

川と呼ばれている。渋谷川を遡れば、恵比寿から渋谷へと向かい、国道246号の手前で地上から水面が消え暗渠となる。

ご紹介するのはそこ、旧東急東横線渋谷駅周辺をリニューアルした渋谷ストリームをスタート地点に、キャットストリートから原宿を抜け、東京オリンピックのメイン会場となった国立競技場を掠めて新宿御苑に向かうコースだ。道中たくさんの暗橋を見付けながら、一味違った渋谷を味わってみよう【地図1】。

シブヤの地下を熱く流れる渋谷川

まずは渋谷川開渠に流れる水を、じっくり見下ろし眺めてみよう。この渋谷川開渠の川底は、かつて庵野秀明が監督した映画『ラブ＆ポップ』（平成10年　村上龍原作）のラストシーンで主人公たちが歩いた場所であり、また欅坂46のヒットソング『サイレントマジョリティー』（平成28年）のジャケット写真でメンバーが佇む場所でもある。ここは近年、若者・活気・話題性を象徴する、不思議な力が静かにうごめく場所であり続けたのだ。その渋谷川のパワーは何なのか。いったいどこから来るのか。それを確かめる旅のスタートだ。

【写真1】かつての開渠と暗渠の境界にある稲荷橋。稲荷橋広場ができた平成30年に化粧直しされた

回れ右をして歩き出すと、わずか数十mで最初の暗橋に出会う。**稲荷橋**だ【写真1】。渋谷ストリームの工事が始まる前までは、ここが渋谷川の暗渠と開渠の境目だった。すなわちそれまでは下流側にだけ水面が見える半・暗橋で、平成30年の渋谷ストリーム開業とともに本物の暗橋になったというわけだ。その名は昭和30年代までそばにあった鎌倉時代創建の田中稲荷から付けられたという。当時の渋谷川周辺の様子は、このあたりで幼少期を過ごした作家・大岡昇平の作品『幼年』に詳しい。煌びやかな今とのギャップを感じるのにお勧めのテキストだ。

すぐそばにあるC3出口からエスカレーターで地下構内に降りたら、東口地下広場・地下2FのUPLIGHT CAFEをめざそう。中庭席からは、渋谷の街の地下を貫く渋谷川暗渠のカルバートを見上げることができる【写真2】。

若者でにぎわうキャットストリートへ

A12出口を経て地上に出たら、山手線ガード下をくぐって2本目の道をMIYASHITA PARK方面へ。今は飲食店がにぎやかにせり出すこの道は、かつてひっそりした裏路地の駐輪場

【写真3】平成30年、渋谷駅前からMIYASHITA PARK方面を望む。当時は自転車があふれる裏路地だった

【写真2】地下テラスから見上げる渋谷川。この渋谷の地下を貫く四角いカルバートに、渋谷川が今も熱く流れている

だった。暗渠化されいっとき鳴りを潜めた渋谷川のパワーが、再開発によって再び地表に滲みだしてきたかのようである【写真3】。

宮下公園交差点から明治通りを経て斜めに続く道に入ろう。さらに若者で活気づくキャットストリートの入口を守るのが**宮下橋**である【写真4・5】。道端に一本だけ残る親柱は、ちょっと前までは落書きだらけで混沌の渋谷を象徴するようだったが、今では植栽の中に恭しく佇んでいる。

行き交う人ごみをかき分けながらキャットストリートを進んでいく。真ん中の一段高くなっているところが昔の渋谷川だ。宮下橋上流にも何本も橋が架かっていたが、今はそれらは跡形もない。しかし、若者注目!!と言わんばかりに現れるのが**穏田橋**(おんでん)跡だ。

上：【写真4】平成24年、地下から湧き上がる渋谷川パワーの発露のような落書きだらけの宮下橋（落書きはもちろんしてはいけない）
下：【写真5】現在の、傍らに緑を従えた宮下橋。地表に突き上げる渋谷の魂を鎮めるように、白く上塗りされている

【写真7】明治神宮鎮座の際に表参道に架けられた、長さ約6.9mの参道橋。現在残るのは昭和13（1938）年に架け替えられたものの一部

【写真6】渋谷区神宮前6丁目の穏田橋モニュメント。旧町名は穏田。このあたりでは渋谷川も穏田川と呼ばれた

表参道に出る手前の植え込みに、その橋名と架橋年の銘板を貼り付けた親柱風モニュメントが顔を出すのでぜひ見付けてあげてほしい【写真6】。

表参道に出れば、堂々とした**参道橋**の登場だ【写真7】。大正9（1920）年の明治神宮創建とともに敷かれた表参道。その参道の橋が渋谷川を跨いでかけられており、今も親柱含む数本の柱が立てられたままだ。渋谷川のパワーを封印するべくに打ち込んだ杭のように。何本その杭が残っているか、現地で確かめてみよう。

さらに遡ろう。ここからは、緩いカーブを描く蛇行や、水車を引き込んだY字水路跡【写真8】なども あり、かつての渋谷川を流れた水のチカラを目で感じとることができるポイントだ。

静寂の渋谷川を北へ

キャットストリートの北の端に残っている暗橋が**原宿橋**【写真9】。名前は渋谷川のままでも、若者・活気・話題性の渋谷の街からはすでに遠く離れ、ここから先はかつての原宿村となる。あの怪しくうごめく渋谷川パワーも、この原宿橋を境に少々トーンダウンするのであった。さらに蛇行し住宅地の間を抜ける。神宮

【写真8】水車をかけるために引き込み水路を作った跡がこのY字路。村越の水車という、杵が57本もある大水車がかかっていた

【写真9】2本の親柱で渋谷川の静と動を今に区切るかのように佇むのは、かつての原宿村にかかる原宿橋

前2－18あたりにある車止め付きの幅広歩道が、以前川だったことを我らに静かに語りかけている。

外苑西通りへ出て北上。激しく車が往来する何の変哲もない幹線道路を見て、ついに渋谷川のパワーもすっかり失せてしまったか、と思うのはまだ早い。二つ目の信号のある交差点まで進み、そこで視線を上げたなら、燦然と輝く暗橋の名が目に入るはずだ。**観音橋**【写真10】。いまは跡形もなく交差点の標識にその名が残るだけの「エア暗橋」（P162）が、渋谷川が健在であることを教えてくれる。

姿を現す、シブヤパワーの源泉

確認できる渋谷川の暗橋はここまでだが、川の痕跡はまだ追える。国立競技場の西を掠め、JR中央線の通る土手を北側に回ると半円を描くレンガの構造物が見える【写真11】。これは渋谷川が、北から流れてくる玉川上水余水吐（よすいばき）と合わさってJRをくぐっていた痕跡である。玉川上水の余水は新宿御苑東縁に沿って四谷大木戸（おおきど）まで遡ることができる。

さらに辿ればついに水源、新宿御苑内の「下の池」に到着だ。渋谷ストリーム以来ようやく水面が見られる場所となる。池の南東、擬木で作られた橋付近から池をのぞき込んでみよう。池底の数か所から、まるで命あるもののように今も力強くこんこんと水が湧いているのがわか

【写真10】坂を登ったところにある聖輪寺の本尊に由来する名前。明治半ばまでは水車もかかっていたというから川の勢いもしのばれる

る【写真12】。この水が今まで辿ってきた道を流れていくのだと思うと、渋谷ストリームまでのあちこちに不思議な力が満ちているのも、妙に納得がいくのである。

髙山

【写真11】JRの線路をくぐる隧道跡。夏に行くともじゃもじゃでよくわからないかもしれない

【写真12】新宿御苑内「下の池」の池底から湧く水。東京の大地の裂け目から、次々と新しい命が生まれてくるようだ

② 銀座で橋づくし銀ブラさんぽ

歩行距離
約3.5km

最寄り駅
START
JR山手線
有楽町駅
⬇
GOAL
東京メトロ
東西線
茅場町駅

銀座でドンブラコ

本コースは、銀ブラができるように組んでみた。銀ブラは銀ブラでも、暗渠らしいさんぽ。銀座にあった川を歩く、「銀座でドンブラコ」だ。かつて銀座には数本の運河が流れ、たくさんの橋が架けられていた。思い返せば、新橋、数寄屋橋、京橋など、なじみのある地名に「橋」が付いている。こんなところにも、川があったのだ。そしてよく観察すれば、暗橋も見えてくる。

外濠川から汐留川へ

有楽町で降りる。と、まず出会うのは外濠川(そとぼり)だ。江戸開発初期、江戸前島の尾根筋に沿って開削された輸送路かつ江戸城外堀という、重要な位置付けの川である。現在は線路や自動車道路、商業施設などに姿を変えている。上部に東京高速道路ＫＫ線の道路を載せる銀座インズは千代田区と中央区の境になっていて、前身が河川であるため住所がない場所としても有名だ。

【地図1】

銀座でドンブラコマップ

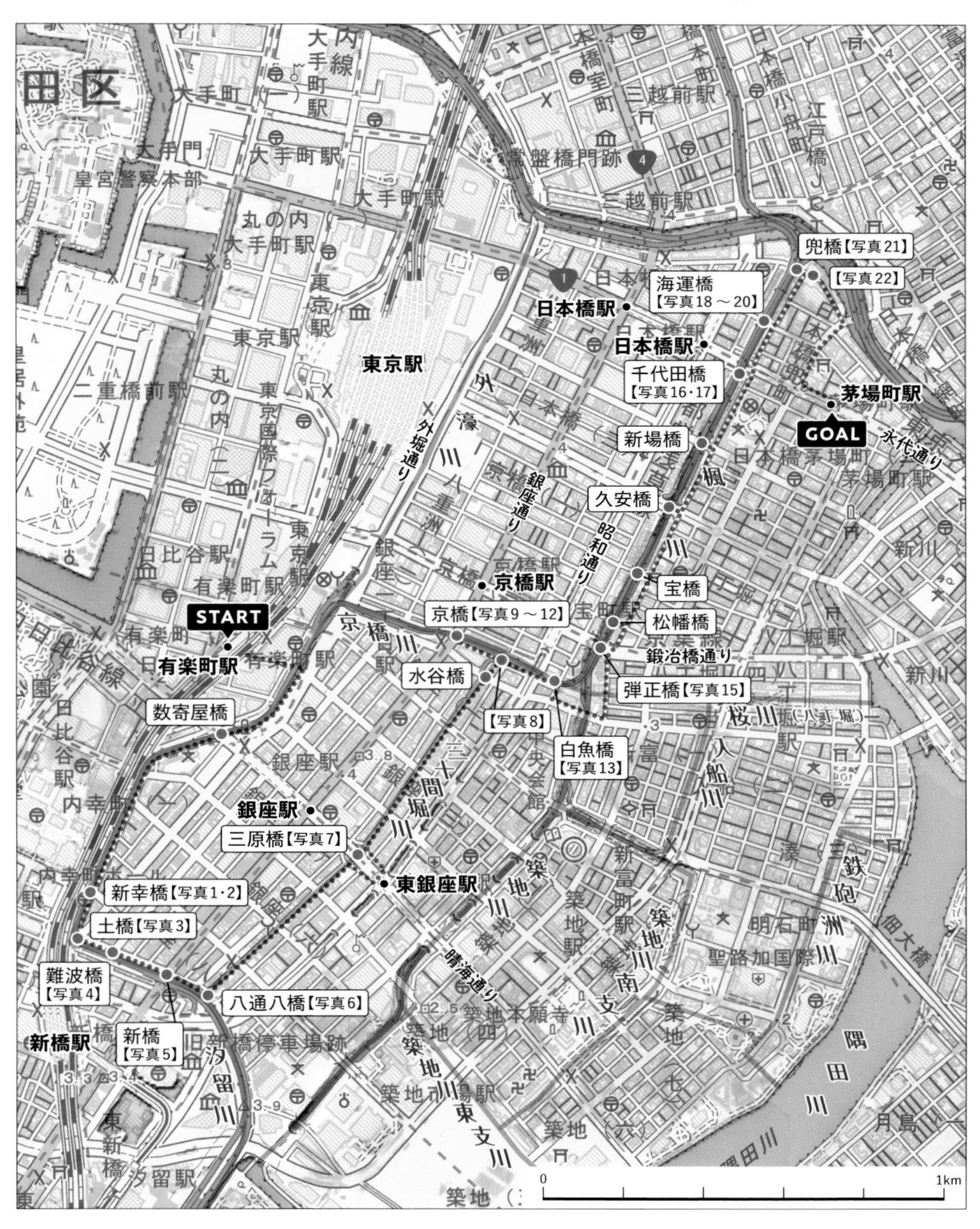

西銀座デパート、数寄屋橋跡（P96）、銀座ファイブ、と外濠川を進むと、**新幸橋**が現れる【写真1・2】。お隣は交差点名にもなっている**土橋**だ【図1】【写真3】。土橋からは汐留川に入る。銀座と新橋の間にあった川で、現在は上部が東京高速道路、下部が商業施設等になっている。なお、土橋は古くからあったようで、創架年の記録はないが、土の橋だったのが（その後石橋、鉄筋コンクリート橋と進化したにもかかわらず）そのまま名前になっている模様。昭和39（1964）年に撤去されたが、地面が1mほど盛り上がっている。この線形は土橋があったからこそであり、地下には橋台や桁が今も眠っている。

難波橋（P107）も交差点名に名を残す【写真4】。その次が**新橋**だ。新橋はすっかり駅および周辺エリアの呼称として定着しているが、これまた汐留川に架かる橋だった。近くに芝口御門が作られ、芝口橋を名乗った時期（1710年～1884年）もある。芝口御門が焼失し、しばらく新橋付近は〝中心地の外れ〟的な位置付けだったが、明治になり鉄道が開通すると、起点として急激にメジャー化した。そして明治32（1899）年には

【写真1】新幸橋碑。やや唐突に現れるが、これが暗橋さんぽの始まりだ

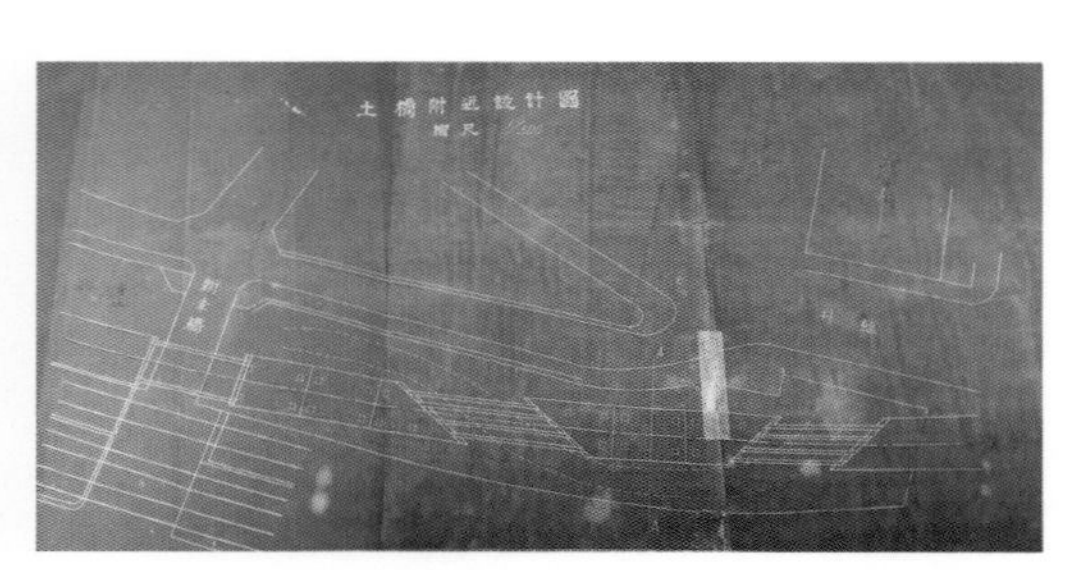
【図1】土橋設計図（東京都立公文書館蔵）。土橋と、その隣の新幸橋が川に架かっている様子が図面からわかる

【写真2】昭和11（1936）年、土橋から見た新幸橋（中央区立京橋図書館所蔵）。このような姿だった

【写真3】現役時代のコンクリート製土橋。『橋梁設計図集』より（国立国会図書館蔵）

鉄橋に架け替えられる。現地に残る新橋親柱は特大で、その華々しさを物語る【写真5】。この新橋、それから京橋、三原橋、豊玉橋のたもとには貸しボート屋があり、水が綺麗といえない時代でも、銀座を一周できるレジャーとして親しまれていた。リアル・銀座でドンブラコである。

汐留川はまだ続くが、ここらで三十間堀川に向かって舵を切ろう。元八通八橋際公衆便所の隣に、かなり控えめに三十間堀川の護岸の石が残されている【写真6】。これが目印だ。三十間堀川は、三原橋などを擁する銀座中心部を貫く川だが、他の川たちが昭和30年代に埋められたのに対し、一足先に戦災の瓦礫で埋められた。それゆえ残され方がだいぶ異なり、川だった部分が道路と商業地両方になっている。

三十間堀川は都会かつ海辺の川らしく、地元の人は「流れるような川ではない」「どす黒い色をしていた」と表現する。さすれば流れに身をまかせるでなく、どんどんオールで漕いでいこう。すっかり変わってしまった**三原橋**【写真7】を通り過ぎると、京橋川に突き当

【写真5】新橋跡に飾られている新橋親柱は、大正14（1925）年に架けられたもの。すぐ隣の小公園にも、橋の一部が置いてあるように見える

【写真4】大正時代の難波橋。『建築写真類聚　橋梁』より（中央区立京橋図書館所蔵）

【写真6】公衆便所に用がある人以外は気づかないのではないか。見物人に優しくない位置に展示された築石。なお、八通八橋は「埋没」なので、この地下にも橋の構造物が残っていると思われる

たる。そこにあるのは水谷橋公園【写真8】だ。陰気な公園だったのが、銀座の街並み同様、数年で見違えるほど変わっていた。

京橋川へ流れ込んだら、少しだけ遡って**京橋**跡を見にゆこう。京橋の創架は記録がないが、日本橋と同時期程度と推測されている。京から下ってきた人が遊女屋（傾城という）を営んでいたとか、日本橋から京へ向かう橋だからとか、由来は諸説ある。河岸の中でも大根河岸は有名で、野菜の集積地であった。現在、京橋跡には複数の親柱の他、大根河岸の記念碑、京橋川の護岸、橋の一部などが盛りだくさんに残されている【写真9・10・11・12】。

お次は広重の錦絵に描かれながらも橋跡はなく、エアとして駐車場等に名を残す**白魚橋**【写真13】。白魚を幕府に献上するための、白魚屋敷があったからこの名が付いた。別名牛の草橋（船荷を牛車に積み替えたため）といい、なぜか唐突にのどかさが醸し出される場所だ。

【写真9・10】京橋は明治以降3回架け替えられた。京橋の親柱はこの交差点に3本ばらばらとあるので、「京橋の親柱前」を待ち合わせの目印にしてしまった時は、集合時間近くになって「え、どの親柱の前ですか?」と混乱を招いたものだ

【写真7】三原橋跡。過去の姿は73ページに

【写真8】名の由来は水谷町という地名から。「水谷橋公園」という名前はそのままにビル屋上公園になっていた。このビルを公園と呼ぶのがシュール

京橋川から楓川へ

京橋川もキワまで来ると、今度は築地川・桜川（八丁堀）・楓川と3本に接続しているので、どちらに進めばいいか迷ってしまう。暗橋さんぽをするのであれば、楓川と築地川が甲乙付けがたい。築地川は橋がそのまま残っていてわかりやすいので、暗橋的にマニアックな楓川にいこう。築地川は概ね水を抜かれて高速道路になり、楓川も同様であるため景色は似ている【写真14】。

楓川に入る。京橋川同様、江戸初期のまちづくりで掘られた川だ。海岸線を、水路を残して埋め立てたといわれる。まずは**弾正**（だんじょう）**橋**【写真15】（P41）を過ぎると、**久安橋**、**新場橋**。

続いて、個人的いち推しの**千代田橋**が見えてくる。橋の全構造物がほぼそのまま残っているのだ。その見事さに、ついつい見惚れてしまう。楓川は水を抜かれた川底が高速道路になったが、いつの間にか高架になっている。この「いつの間にか」の地点がちょうど千代田橋上であり、グイッと高速道路の裏側が上昇する、

【写真11】京橋の親柱にそっくりな京橋交番

【写真12】昭和3（1928）年の京橋。大きなほうの親柱が現役の頃（中央区立京橋図書館所蔵）

【写真13】白魚橋、昭和6（1931）年の開通記念絵葉書。これは最後の白魚橋からすると一代前である（中央区立京橋図書館所蔵）

【写真14】楓川を見下ろす。かつての運河に船が走っていた風景は、現代は高速道路に車が走るものに変わっている

土木的興奮スポットでもある【写真16・17】。

次は親柱が2本も残る**海運橋**（海賊橋、海盗橋、将監橋、高橋、石橋ともいわれる）だ【写真18・19・20】。海賊橋というのは、東詰に海賊奉行向井将監の屋敷があったためといわれているが、他にも九鬼をはじめとする海賊屋敷が並んでいた。明治元（1869）年、海賊橋を海運橋と改めた。

ラストの橋は**兜橋**【写真21】。現在は跡形もないが、兜神社が静かに佇む【写真22】。周辺は金融の始まりのまち。歴史の説明板もあり、オフィス街ながらも歴史散策ができる。

高橋義孝は昭和30年代後半の三吉橋を見、「埋め立てられた河底を高速道路が走る。左手に堰き止められて死んだ河が見える」と嘆いた。銀座の川が、死んでゆく。そして「東京の橋は今のうちにせっせと渡っておかないと、いずれそのうち、東京の川という川は埋め立てられて

【写真15】橋のモニュメントがやたらいっぱいある弾正橋。日本最初の国産鉄の橋、という栄誉を表現したいのだろうか

【写真16】千代田橋。この橋梁は昭和3（1928）年、震災復興計画で架橋されたもの

【写真17】現役時代の千代田橋。現在残る千代田橋そのままであることに感動する（中央区立京橋図書館所蔵）

【写真18・19】海運橋親柱。楓川を挟んで二つ残されており、埋もれているものとスッキリ見えるものと対照的。この親柱は、関東大震災で破損し昭和2年に架け替えられた、旧石橋のものである。新しいほうの橋は楓川埋め立てに伴い昭和37年に撤去された

しまうだろうから」と焦燥した。この様子は、当時の銀座の川が急速に失われていく、その空気感をとてもよく表している。川はたしかに消滅した。しかし、高橋の想像よりは少しだけマシで、令和の現在、川はなくても渡れる橋と橋のたましいとが、銀座界隈にはまだ残されている。

吉村

【写真20】現在残されている海運橋親柱の現役時代（中央区立京橋図書館所蔵）

【写真21】兜橋現役時代。『橋梁設計図集』より（国立国会図書館所蔵）

【写真22】兜神社。頭上を流れていく高速道路とのセットで、重層的な東京らしい風景

③ぐるり浅草・暗橋さんぽ

歩行距離
約5.8km

最寄り駅
START
東京メトロ
銀座線
田原町駅
⬇
GOAL
東京メトロ
日比谷線
三ノ輪駅

世界に問う、浅草暗橋散歩

コロナ禍以前、平成30年の訪日外国人旅行者は3119万人（「観光白書」より）。いっぽう同年の台東区訪日外国人観光客は953万人（「台東区観光マーケティング調査」より）というから、なんと外国人旅行者の3人に1人は台東区を訪れていたことになる。台東区で外国人といえばその主目的地は間違いなく浅草であろう。

もちろん日本人だって浅草は大好きで、外国人旅行者のほとんどいないコロナ禍第7波直前の令和4年7月に浅草・仲見世を覗いてみると、芋を洗うように日本人観光客でごった返していた。なんという人気スポット、浅草。

そんな国内外から注目を浴びている浅草だから、周辺含め見どころ情報はすでにガイドブックやインターネットに出尽くしてしまっている…と思うでしょう。否。みんなの知らない浅草があるのだ。なんといっても浅草周辺は暗橋的にも熱いエリアなのである。そこで今ここに、世界に向けて、暗橋目線の浅草の愉しみ方を断固問うてみたいのである。

【地図1】

ぐるり浅草暗橋マップ

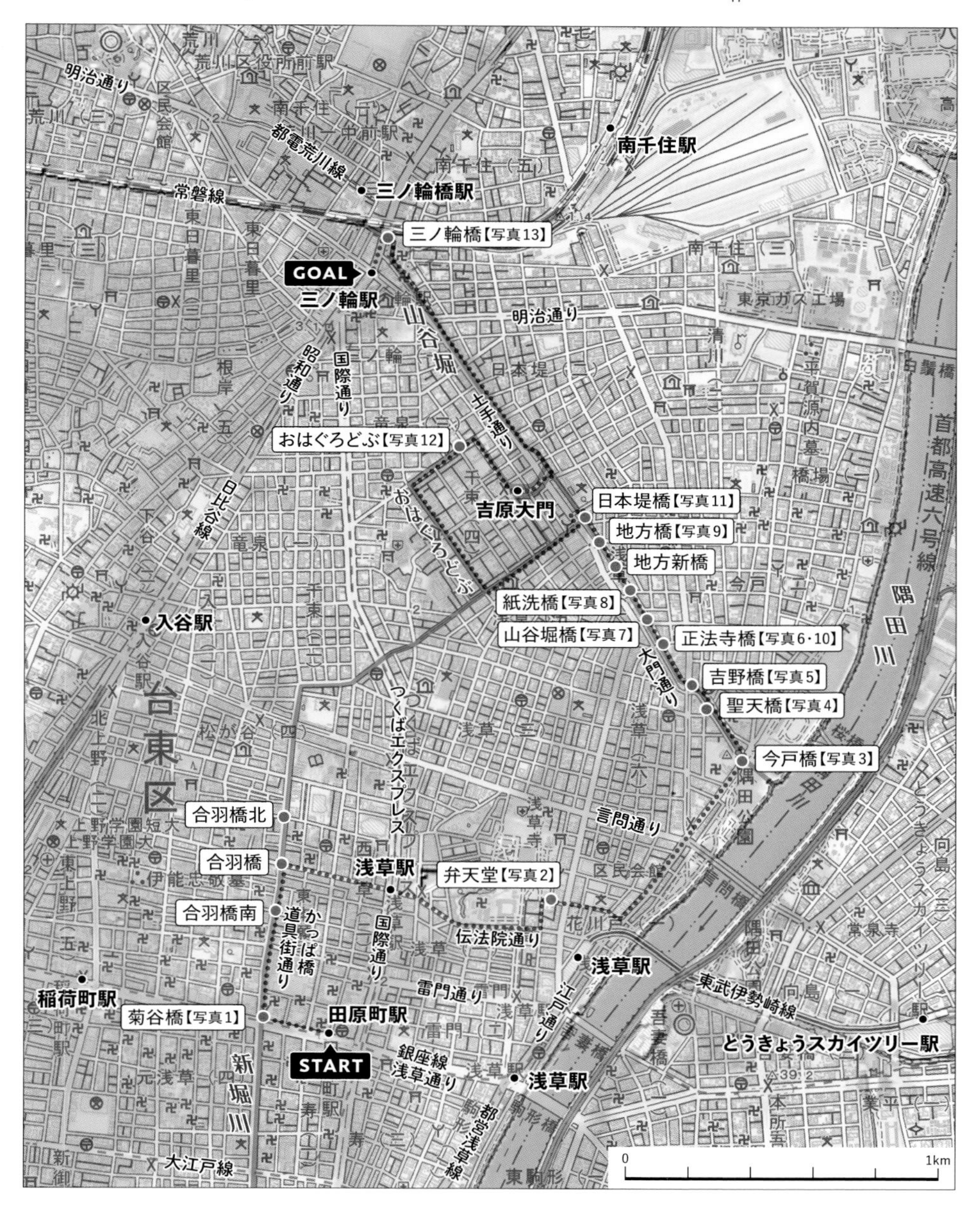

まずはここから、新堀川エア暗橋巡礼

ついのっけから鼻息荒くなってしまったが改めて、浅草駅のお隣で少々落ち着いた雰囲気の、東京メトロ銀座線田原町から静かにスタートを切ることにしよう。

心落ち着け深呼吸しながら階段を上がって地上に出たら、浅草通りを上野方面へ。ここから隣駅稲荷町あたりまでは、仏壇店が密集するエリアだ。これに直交するかっぱ橋道具街の入口まで来たら、ニイミ洋食器店屋上の巨大なコックさんにばかり気を取られずに、交差点の信号横に掲げられる標識をしっかり見ていただきたい。**菊屋橋**【写真1】。エア暗橋（P162）だ。かっぱ橋道具街通りは暗渠なのである。浅草通り以南が「新堀通り」と呼ばれるように南北に新堀川という川が流れていて、そこに架かっていたのが菊屋橋だったのだ。新堀川は江戸時代に掘られ、昭和8（1933）年に暗渠化されたが、それまでは葛西や浦安方面からアサリ、シジミ、ハマグリや小魚を売りに小舟が来ていたというから、それなりに川幅もあったのだろう。

かっぱ橋道具街を北上していくと**合羽橋南**を経て**合羽橋**、さらにその先に**合羽橋北**と三つの交差点でエア暗橋標識が見られる。姿を失ったこれらの橋の成仏を願い、静かに手を合わせよう。さて今でこそ合羽橋と呼ばれるが、ずっと以前は近くにあったお寺の名から清水寺橋と呼ばれていた。名前が変

【写真1】 菊屋橋交差点。記録では川の幅は3間（約5.5m）。上流の合羽橋あたりは1間とのことなのでかなりの差だ

わったのは、江戸時代に「合羽屋川太郎の伝説」が生まれた頃だそうだ。その重要な伝説を80字以内で要約すれば、「この地で雨合羽を売る合羽屋川太郎が、度重なる大水から沿岸を救おうと私財を投げ打って治水工事を始めたが難航、意気に感じた隅田川の河童たちが手伝いに来て見事完成（78字）」、というものである。志高い川太郎と河童たちにもしっかりと敬意を表し、再び手を合わせておきたい。

浅草寺経由、山谷堀暗橋ストリートへ

合羽橋交差点を右に曲がって浅草中心街に向かう。街中には浅草寺をはじめ雷門、仲見世、花やしき、ホッピー通りなどなどメジャーな名所が盛りだくさんなので、ここではいったん暗橋を忘れて自由行動としよう。集合は浅草寺境内、「関東の三弁天」の一つ「老女弁財天」が祀られている弁天堂だ【写真2】。弁財天といえば水と縁の深い神様で、昔はここを囲んで大きな池があったのが明治初期の地図で確認できる。ここ

【写真2】浅草寺境内の小高い弁天山にある弁天堂。巳の日にだけ扉が開き、老女弁財天にお参りができる

はいわば暗池なのだ。ひとしきり水の気配を妄想したら後半戦へと出発である。

隅田川に沿って移動し、待乳山聖天（まっちやましょうてん）を越えたら山谷堀に到着だ。山谷堀も江戸時代に掘られた人工の水路で現在は暗渠となり、元の水路上に作られた細長公園・山谷堀公園に囲われるように、いくつもの暗橋がモニュメント的にずらりと連なっている。

そこで最初に出会うのは、山谷堀が隅田川に合流する手前にある**今戸橋**（いまど）だ【写真3】。大正15（1926）年に架けられた親柱や欄干の一部を今も見ることができる。

ここを遡ると間もなく現れるのが**聖天橋**【写真4】、そして**吉野橋**【写真5】だ。どちらも、架かっていた当時のものと思われる親柱が残っている。

さらに先を行けば、**正法寺橋**【写真6】、**山谷堀橋**【写真7】、**紙洗橋**【写真8】、**地方新橋**（じかたしん）【写真9】と暗橋が続々登場だ。

【写真3】今戸橋。川の幅は6間（約11m）もあり、この橋の下を新吉原遊郭に通う旦那衆の舟が行き来したという

【写真5】旧日光街道に架かる吉野橋。ここも古い親柱が4本と、何らかの円柱の構造物が残っている

【写真4】おそらく現役当時のものと思われる親柱が4本残る聖天橋。銘板の天地が尺足らずなところを見ると、銘板はレプリカ？

これらの躯体は全て、銘板などを使ってモニュメントとして再構成されたいわば剥製であるが、モノとして残っているだけで素晴らしいことだ。もっとも、再整備前までは本物の親柱と思しきものが残っており、ちょっともったいなかった気もするが……【写真10】。ちなみに紙洗橋、地方橋は傍らの交差点の名前にもなっている。

日本堤橋で迎えるクライマックス

山谷堀公園は地方橋あたりで終わり、その先には資材置き場のような謎の土地が続くのだが、その山谷堀の流路上に不思議な物件が現れるのだ【写真11】。これは、橋ではないのか？　流路上に緩くもっこりとアーチ型を描くのは橋床なのではないか？　その右端、スチールのフェンスと扉の間に埋もれるように立っているのは親柱ではな

【写真6】正法寺橋。銘板を使って親柱風に再構成されたモニュメント。写真10と見比べると現物とは明らかに形が違っている

【写真7】山谷堀橋のモニュメント。側面には東京市名義で橋の来歴が書かれたプレートも貼られている

【写真8】紙洗橋。橋の名は、江戸時代にこのあたりで浅草紙という再生紙が作られており、古紙を川に浸けてひやかしていたことから（諸説あり）

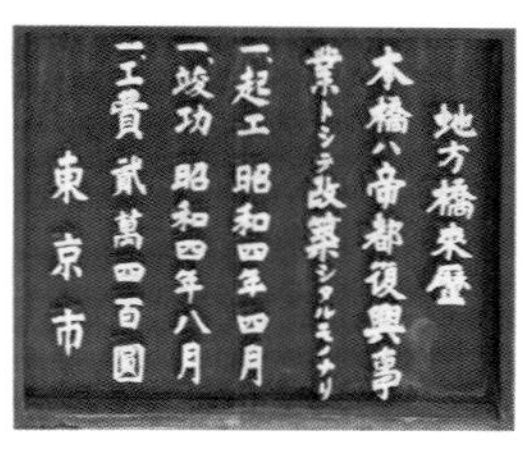

【写真9】地方橋モニュメントに嵌められた来歴。起工・竣功ともに昭和4年、工費は2万400円とある

【写真10】平成27年、山谷堀公園が再整備される前の正法寺橋。手前と奥に、おそらく暗渠化前からの2本の親柱が写っている

いのか？　いくつかの文献から、山谷堀にはこれまで辿ってきた橋の他に**日本堤橋**というものが存在しているらしいことはわかっていた。しかしこれがそれだという確証は長いこと調べても得られずにいたのだった。

が、例によってこの物件を眺めたりなでたりしていたある日、幸運にも古くからご近所に住む方にインタビューができ、これは日本堤橋だという証言を得たのである。やはりそうであったか！　しかも23区では非常に貴重な「野良暗橋（Ｐ152）」。意図して飾り付けなどされることなく、その一部だけが街中にひっそりと、遺跡のように残っている。そんな都会の奇跡がこの日本堤橋なのだ。見付けたらどうぞ遠慮なく大きな声を上げ、こうして今に残っていることを祝福してあげてほしい。

新吉原をひやかして最後の暗橋へ

クライマックスを過ぎたあとは、山谷堀からいったん逸れて、新吉原に寄り道をしよう。かつての一大遊郭をぐるりと囲っていた「おはぐろどぶ」で、静かに水の名残りを感じながら歩く。暗橋をはじめとした痕跡はほとんど見られないが、わずかな高低差がかつての水のありかを教えてくれる【写真12】。

新吉原の街をひやかしたあとは再び山谷堀に戻って、最後の暗橋**三ノ輪橋**跡【写真13】へ。国道４号がわずかに盛り上がっているところがそうなのだが、

【写真11】日本堤橋。日本堤は江戸時代に隅田川の水難から江戸を守るために築かれ、昭和初期まであった大規模な土手だ

傍らにある案内柱がなければ気付くまい。たくさんの暗橋を見てきた後は、こんどは心の目で暗渠と暗橋をゆっくりと妄想して本日の仕上げとしよう。ゴールの三ノ輪駅は目と鼻の先だ。

さてこの散歩コース、内容的に「みんなの知ってる浅草」を超えたという自負はあるのだが、暗橋を追いかけてずんずん歩き進めるうちに、エリア的にも「みんなが思っている浅草」ではないところまで来てしまったことは反省として挙げておく。

髙山

【写真12】おはぐろどぶから新吉原中心部を見ると、わずかな高低差を確認できる場所がいくつかある。もちろんどぶが谷側だ

【写真13】三ノ輪橋跡。石神井川から音無川となって流れてきた水は、ここを過ぎた後で思川と山谷堀とに分かれていく

④

人情のまち深川でメタリック暗橋さんぽ

歩行距離
約3.5km

最寄り駅
START
東京メトロ
東西線
木場駅
↓
GOAL
深川江戸資料館

深川の暗橋的特徴

深川は江東区の一部を成すエリアで、今でも水のまちだ。かつては木場とそれらを結ぶ運河が縦横無尽にあって、さらに水のまちだった。ということはつまり、橋のまちでもある。運河の橋は頑丈でなければならない。深川には、この地域ならではのメタリック暗橋（鉄橋と鋼橋を合わせ、ここではこう呼ぶことにする）がある。

木場駅出口3の階段を上がると、眼前にひらけるのは広い道路と、はるか頭上に高速道路のうねり。嗚呼ドボク。橋が見えたので近寄ると、そこにあったのは親水公園に姿を変えた大島川東支川だった。説明板が設置されていた【写真1】。

まずは南へ、古石場（ふるいしば）川跡に向かおう。そのために歩くただの道と思しきところも、実は平野川という川の跡である。開渠の平久（へいきゅう）川に架けられた平久橋をわたる。

【写真1】舟木橋の銘板と説明。駅から0分でコレ！

【地図1】

深川メタリック暗橋マップ

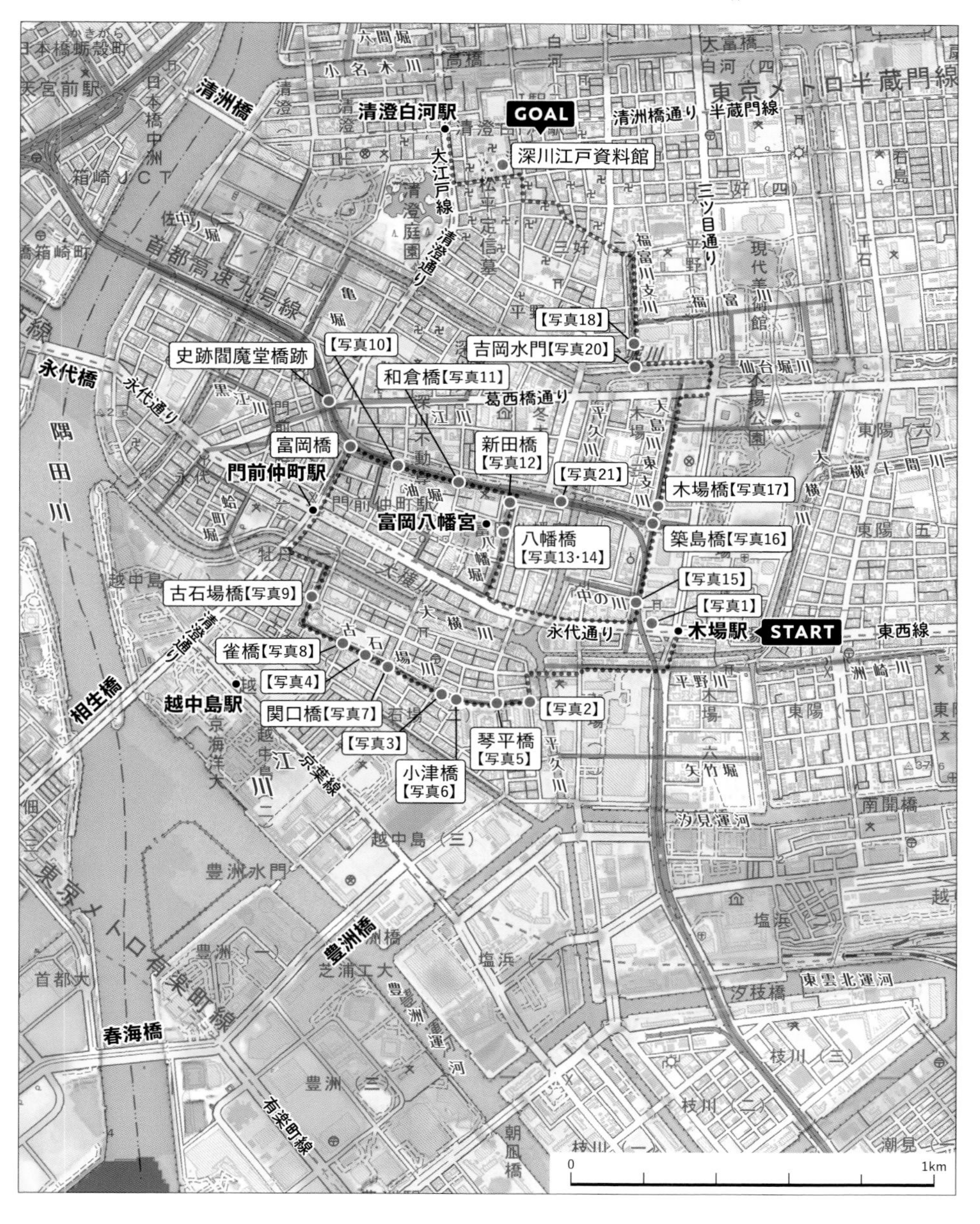

古石場川は現在、親水公園になっている【写真2】。大島川から分かれ平久川に合わさる流れで、元禄11（1698）年に海を埋め残して作られた、深川南端の運河だ。古石場という名は、幕府の石置場だったことによる。昭和の終わりと平成の始めの二度にわたり埋められたが、装飾に石が多用され、江戸の雰囲気を伝えようとしている【写真3・4】。

古石場川の橋を順番に見上げていくと、まず**琴平橋**【写真5】。ついで、**小津橋**【写真6】。**関口橋**【写真7】。次が**雀橋**【写真8】。最後が**古石場橋**で昭和4（1929）年製と最も古い【写真9】。いずれも下から舐めるように見ることができるのは、暗橋ならではのこと。隅田川でも、橋を下から見ることは可能だ。しかし、埋められた川の場合、どこからでも橋裏を眺めることができる。堂々と中央に立ち、自らが水になって眺めることもできる。

牡丹農家が多かった（牡丹園の職人が住んでいた）ことにちなんだ牡丹園までやってきたら、古石場川歩きもおしまい。開渠の大横川を渡り、油堀に向かおう。

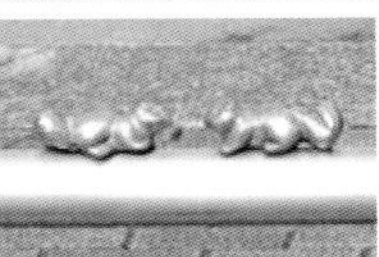

【写真2】古石場川親水公園入口。車止めにリスがいる。スズメであることが多いサンポール社ピコリーノのレア商品

【写真3】古石場川親水公園の石多めエリア

【写真4】護岸が地元の方の絵の展示場になっている。中盤は植栽も多くなる

油堀とショーケン

油堀は油堀川ともいい、寛永6（1629）年に開削、その後拡幅された。油商人の会所があり油（江戸時代は菜種油を行灯などに使用していた）置場となっていたから、この名が付いた。木場の材木輸送に貢献し、深川花街への船路ともなった川で、昭和50年前後に木場の移転と首都高速9号深川線建設のために埋められた。

テレビドラマ『前略おふくろ様』に埋められる直前の油堀が出てくるよと教えられ、食らい付くように見ていた時期がある。昭和40年代後半が舞台で、主人公のショーケンが勤める料亭が高速道路予定地となってしまうのだ。つまり、油堀沿いに料亭があるという設定か。ドラマの中でも高速道路建設には一悶着あるが、実際に、東京都議会では昭和46年に油堀部分の高速道路建設反対の陳情が出されていた。

上から

【写真5】琴平橋。3径間鋼製ガーダー橋、平成元年架橋。琴平神社の分社が近くにあったことから

【写真6】小津橋。3径間鋼製ガーダー橋、昭和27年架橋。小津安二郎の親戚が架けた

【写真7】関口橋。単径間鋼製ガーダー橋、平成2年架橋

【写真8】雀橋。3径間鋼製ガーダー橋、昭和33年架橋

【写真9】古石場橋。3径間鋼製ガーダー橋、昭和4年架橋。橋脚の丸みがレトロ

残念ながらロケはセット（@生田）だったので、ショーケンがジャガイモを剥き、悪い芋を捨てる先の水路はどれなのか、突き止めることは叶わない。住所も「木場七丁目」という実在しない番地なので、料亭の位置は妄想するしかない。けれど、妄想は妄想でたのしい。この空間のどこかにきっと、料亭分田上（わけたがみ）があったはずなのだと思いながら歩く【写真10】。

油堀で最も著名な橋は**閻魔堂橋**（富岡橋）だが、こちらは76ページに詳述する。油堀は江戸時代の名所でもあれば、昭和の高度経済成長の産物でもある。頭上を巡る高速道路は時に蛇行し、龍の腹のように美しい。加えて、雨天時も濡れずにすむ上等な散歩みちだ。

写真を撮りに行った令和4年8月は、橋脚に工事が入っていた。橋脚の隅角部を補強し、コンクリート内部に剥落防止工を施すなど、入念なメンテナンスが施されていた。

八幡堀と展示系メタリック暗橋

和倉橋跡【写真11】を過ぎ右手を見ると、八幡堀（はちまんぼり）遊歩道の入口に呼ばれる。八幡堀は油堀の分流で、富岡八幡宮の東側を流れていた。油堀と同時に埋め立てられている。

八幡堀に入ると、**旧新田（にった）橋**が現れる【写真12】。こんなふうに橋が展示されて

【写真10】埋められた油堀の頭上に首都高速9号深川線が通る。かつての舟の流れは、現在は車の流れに

【写真11】和倉橋の親柱。昭和4（1929）年、震災復興橋として架橋

いる状況は珍しい。さすが橋のまち。と思いながら進めば、今度は**八幡橋**が人道橋として架けてある【写真13・14】。八幡橋は、東京のスター橋的存在だ。**旧弾正橋**（中央区・楓川）でもあり、国指定重要文化財で土木学会栄誉賞も受賞。明治11（1878）年に架けられた東京市最初の鉄橋だが、大正2年（1913）に新弾正橋ができたために旧弾正橋となり、関東大震災後の復興計画により廃橋となった。八幡堀に移設されたのは昭和4（1929）年というから、ここにきてからも随分と経つ（もっとも、移設後その貴重さに30年近く気付かれなかったらしい）。

八幡橋には東京発展への勢いが、新田橋には愛する人への想いが込められている。この2橋をわずか

【写真12】旧新田橋。昭和7年、大横川に架橋。単径間鋼製ワーレントラス橋。開業医の新田氏が、不慮の事故で亡くなった夫人の供養の意も込めて架けた。現新田橋は、平成15年に架け直されたもの

右：【写真13】八幡橋。日本最初の国産鉄橋（鋳鉄と錬鉄の混合）、ボウストリングトラス橋

上：【写真14】国家の威信を示すと思しき菊の紋章付き。下から見上げると紋章がよくわかる

な歩数で連続して見られる八幡堀遊歩道は、暗橋の博物館といっても過言ではない。
さて次は、開渠の平久川に架かる汐見橋を渡り、最初に見た大島川東支川へとゆこう。

大島川東支川・福富川と木場の姿

大島川は元から存在する漁師町大島町から付けられた名だが、現在は大横川の一部という扱いだ。大島川東支川の埋め立ては、平成4（1992）年のこと。

大島川東支川は、元禄時代に貯木場として開削された。それゆえ、大島川東支川跡に付けられた名は木場親水公園であり、木場にちなんだオブジェがこれでもかと点在する【写真15】。最初に登場するのは**築島橋**【写真16】、ついで**木場橋**【写真17】だ。左右に分岐する短い運河もあり、それらも公園となっている。

大島川東支川の終わりは、仙台堀川に接続している。木場親水公園に続く導水管を横目に開渠の仙台堀川を渡り、もう一本だけ歩こう。最後は福富川、現福富川公園だ【写真18】。

福富川が公園になったのは昭和63（1988）年。ここも材木問屋の木置場が多かった川であり、昭和30年頃の写真【写真19】には材木と筏、川並の姿がある。当時のままに残されているのは護岸と水門で、旧吉岡水門の存在感は廃水門としては最高レベルだろう【写真20】。吉岡水門もまたメタリック、昭和42（1967）年製の鋼製ローラーゲートだ。

古地図を見ると、周辺は貯木場だらけである。貯木場は昭和51（1976）年に移転し、以降公園や住宅に変わり、名残を探すのは難しい。しかし、運河跡は半数以上が残されている。細

【写真15】木場親水公園にある川並（筏を組んで材木を運ぶ業者）のオブジェ。この公園の江東区による愛称は「木場の散歩道」。木場の歴史や文化が再現されている

【写真16】築島橋。単径間鋼製ガーダー橋、昭和5年架橋。由来は新築の地であるから、島田町のでき始めに架けたからなど諸説ある

【写真17】木場橋。単径間鋼製プラットトラス橋、昭和4年架橋、昭和62年改修

【写真18】福富川公園の愛称は「木場の香」。木製の遊具や建築材料になる樹木の植栽などが配置される

【写真19】昭和30年頃の福富川の様子（江東区教育委員会所蔵）

【写真20】旧吉岡水門は現在福富川公園のゲートとなっている。このような水門の使い方はとても珍しい

長い公園と道路の盛り上がりが、このエリアでの暗渠サインといえるだろう。

深川人情とメタリック暗橋

9本のメタリック暗橋を見上げてきた。メタリック暗橋は、木橋や石橋に比べれば冷ややかに見えるかもしれない。しかし果たしてそうだろうか。

藤沢周平の脳内には、現代の地図でなく江戸時代の絵図がおさまっていたのだそうだ。そして、消えた川と橋も含め「私を深川に惹きつけるひとつの風景は、その土地を縦横に走る掘割である」とした。彼の短編集『橋ものがたり』に寄せ、井上ひさしは「江戸期の橋は、現在の省線の駅のようなもの。〈中略〉人びとの離合集散が多いということは、それだけ紡ぎ出される『物語』の数も多い」と称えた。

小池昌代は昭和の深川をルーツとし、「深川福々第28号」（平成26年）のインタビューにて、昭和40年代の深川の川について次のように表現した。「淀んだ黒い川。でも、それが私の川です。何も言わずに黙っている、人間的な川だと思います。幼いときに亡くした祖父に重なりますが、すべてを見ている。見ることで何かを伝えている。川もまた、一人の人間のように感じていました。」

深川にはたくさんの川と橋があった。橋には渡った人の数だけ物語があり、川にはほとりに住む人の数だけ物語が投影される。深川の川はその殆どが人工の堀割、そして橋は当然全て人工物だ。しかし、そこには夥しい人情がただよい、人間味を帯びる。

歩きながら、随所に戦没者を弔う石碑を見た【写真21】。昭和初期に架けられた橋、それは戦災を生き延びた橋でもある。ざっと見て、ガーダー橋が多いことがわかるだろうか。それは関東大震災の影響を受けている。紅林章央によれば、復興局がこの地に合わせ、地盤と耐久性の点から採った構造だ。また深川の川たちは水害を呼ぶ存在でもあった。木場移転の他、地盤沈下が進み水害対策が必至となったことが、深川の川を埋める要因となった。ごく間近に災害を見続けてきた橋たちは、無数の物語を背負いながら、黙って、そこに在り続けている。

ゴールは深川江戸資料館だ【写真22】。江戸時代の深川佐賀町が再現されている。その片隅に、川があり舟が浮いている。油堀なのだそうだ。なくなった川や橋を探訪する旅は妄想が過ぎて、時に、夢か現かわからなくなる。ならばいっそ、江戸の夢を見てから、現実に帰ろう。

吉村

【写真22】深川江戸資料館では江戸の切絵図ハンカチも手にはいる。今日の足跡が江戸にたしかに続くものとして、切絵図ハンカチを見返して微笑むのも、悪くない

【写真21】平久橋のたもとにあった戦災殉難者供養塔。手前は壊れてしまった親柱

【写真23】やや離れるが、余力があればぜひ竪川の松本橋（墨田区江東橋4丁目）にも訪れてほしい。昭和4年架橋、単径間鋼製プラットトラス橋。本村町と松代町から1文字ずつ取ったというおとなしい名前からは想像もつかぬ、この存在感。埋められた竪川と、埋められる原因でもある高速道路の高架に挟まれながら、ひっそり息する震災復興のトラス。夜の艶かしい姿もいい

2

東西南北暗橋探訪

東京23区内、まだあなたと縁の薄い場所や、
特別なことでもなければ降りないような駅にでも、きっと暗橋は数多ある。
ここでは特に東西南北、23区の端っこに注目し、
そこで出会える個性豊かな暗橋たちを巡る散歩コースをご紹介する。

葛飾区・平和橋通り 暗橋ドラゴンクエスト

歩行距離
約4.9km

最寄り駅
START
JR総武線
新小岩駅
↓
GOAL
京成本線
堀切菖蒲園駅

青龍昇る北西に進路を取れ！

厳密なる暗橋の「最東端」といえば江戸川区となるのだが、ここでは東端代表としてかねてから区を上げて暗橋に熱心に取り組んでいる葛飾区を強く推したい。なにしろ葛飾区は『かつしかの橋　葛飾橋梁調査報告』（平成元年）という、暗橋含む区内1000か所以上の橋のデータを資料として刊行しており、そこで上下之割（かみしものわり）用水・葛西用水・小岩用水などかつての用水路62本に架かっていた暗橋・941か所を今に伝えてくださっているのだ。葛飾区さんありがとう。またそれだけではなく、葛飾区は暗橋の残され具合も群を抜いている。その代表例を挙げる

【地図1】

葛飾区暗橋ドラゴンクエストマップ

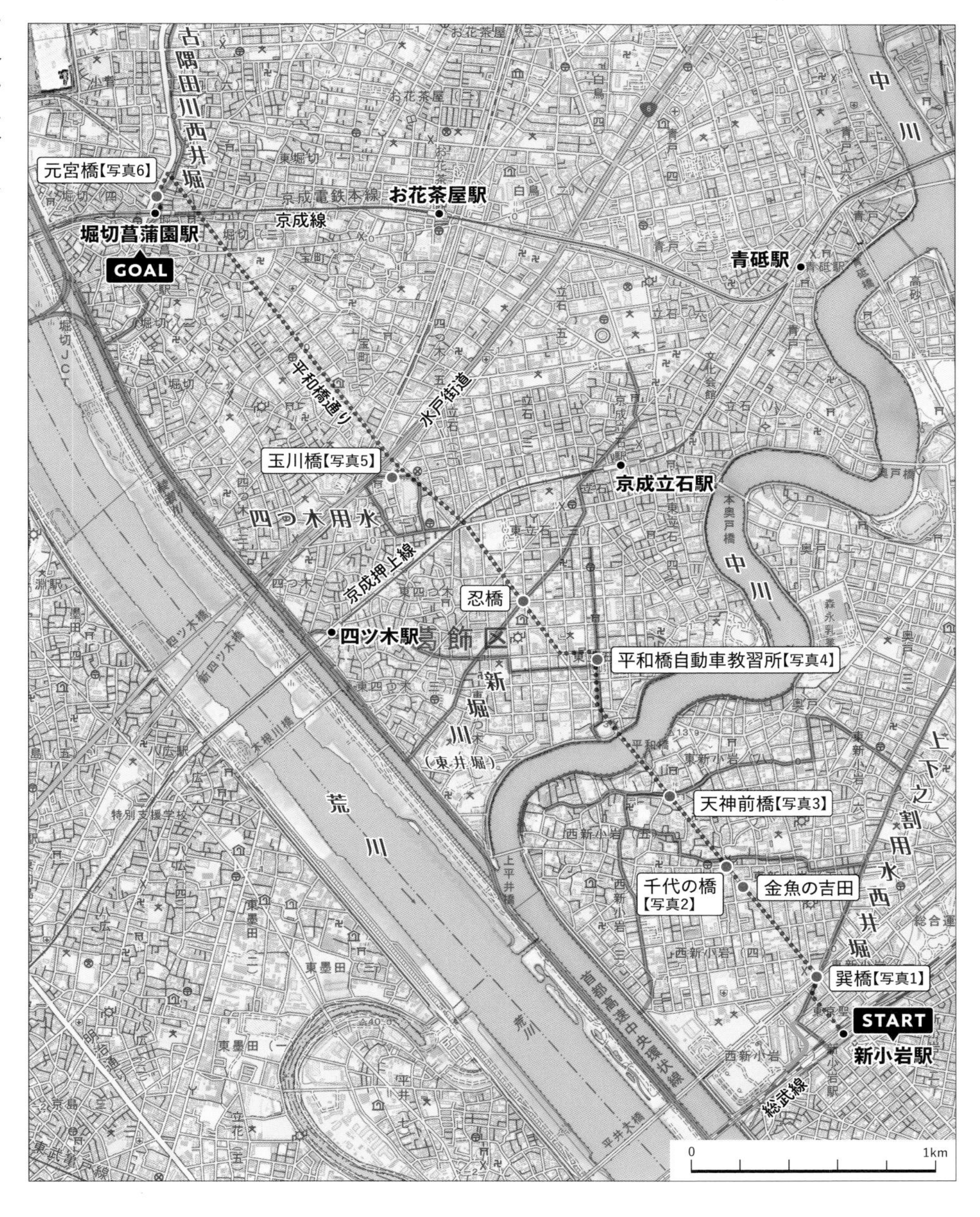

なら「欄干付き野良暗橋」の現存数であろう。私が「野良暗橋」と定義する暗橋（P152）が23区内に28件あり、さらにそのうち「欄干付き野良暗橋」が16件あるのだが、そのうちなんと8件が葛飾区にあるのだ。葛飾区さんありがとう。厳密にいえば欄干付き野良暗橋の23区最東端も江戸川区にあるのだけれど、東の欄干ホットスポットとしてはやっぱり葛飾区、なのである。

さてこの8件の欄干付き野良暗橋、全部でなくともなるべく多く辿れるルートをと考えて、プロットした地図を見てはっとした。5件のそれが、平和橋通りに沿って、東を守る四神・青龍が天を翔るがごとく、見事一直線に並んでいるではないか。これを暗橋ドラゴンクエストコースと大げさに銘打って一緒に辿っていくことにしよう【地図1】。

平和橋までの暗橋連続オブジェクト

出発はJR総武線新小岩駅だ。北口を出たらまずはまっすぐに進み、蔵前橋通りに出る一本手前の十字路を右に。太くてしっかりした舗装道だが、ここは上下之割用水西井堀の暗渠である。大きな交差点に出ようとするところで思わぬモンスターに通せんぼを食らう。**巽橋**（たつみ）だ【写真1】。特に緑道や公園を守っているわけでもないし、交差点に出られると思って進んできたクルマにとってはむしろ迷惑だが、あまりに堂々とした風貌の巽橋は、そんなドライバーからの悪評も馬耳東風であることだろう。その存在感からこの交差点も「たつみ橋」と名付けられているほどだ。ここから平和橋

【写真1】昭和35年に架橋され、ずっしりと力強く暗渠道に残る巽橋。その長さは約8mにも及ぶ

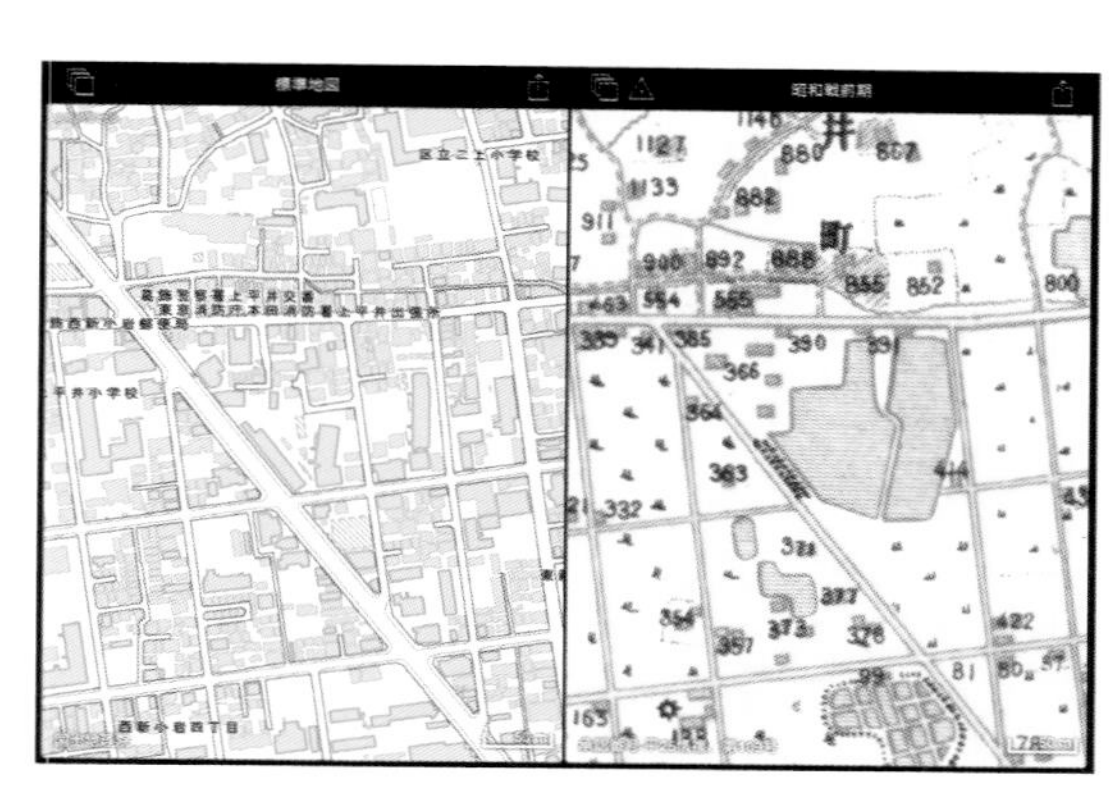

【地図2】昭和戦前期の地図には、金魚の吉田がある場所に広々とした池があるのがわかる（『東京時層地図 for iPad』（一財）日本地図センターより）

通りを北西に向かおう。

通りの右側に「金魚の吉田」を見ながら進む。金魚の吉田は江戸時代から続く老舗で、大正時代にこの新小岩に2700坪の養魚場を構えて以来この地で営業を続けているという【地図2】。

程なく左手にひょっこり顔を出す野良暗橋が**千代の橋**だ【写真2】。片側欄干の一部が残るその姿は、巽橋に比べるとまるでミニチュア。ひょいとポケットにしまって一緒に旅を続けたくなるような、かわいらしい暗橋である。上下之割用水西井堀の支流に架かっていた橋だ。

さらに北西に進むと、右手の先の遠くのほうに大きな鳥居が見えてくる。天祖神社だ。その鳥居が近づいたあたりの左手にこれまたひっそり残っている野良暗橋が**天神前橋**である【写真3】。なんと間がすっぱりと切り取られているが、これ

【写真2】リズミカルに菱型の風抜きが並ぶ欄干がとってもキュート。全長およそ2.7mの千代の橋だが、現在はこの半分が切断されてしまった

【写真3】天神前橋は昭和40年に架橋、全長約3.3m。その姿から私はひそかにシャア（「ガンダム」シリーズに出てくるキャラ）と呼んでいる

は車止めとして再利用しつつ「人が通り抜けやすい」よう配慮した結果なのであろう。なんだかゲーム画面の片隅に突然「ひみつのぬけみち」が現れたみたいだ。

縦横の違いはあるが、千代の橋に使われていた菱形風抜きの意匠がここでも使われている。同じ時代に作られたものなのかもしれない。

「かいだん」を昇って降りたらダンジョンへ

高低差の極めて少ない葛飾区だが、この先は「かいだん」ではないが緩い上り坂が続く。そう、中川に架けられた平和橋へのアプローチだ。平和橋の長さは134・4mというから辿ってきた暗橋たちとはちょっと桁が違う。橋だけに。昭和22（1947）年に仮設木橋としてかけられたがその年に来襲したカスリーン台風によって一部が流失。翌々年に復旧し、高度経済成長期の真っただ中、昭和35（1960）年に改めて頑丈に架け替えられたものだ。

橋の上から中川の水面を眺め、一連の昇り降りを終えて少し行くと右手奥にちらりと平和橋自動車教習所が見える。自動車教習所は川や暗渠のそばにあることが多い「暗渠サイン」だが、ここは教習コース内に暗渠が通るレアスポットである。ぜひこのダンジョンにも寄り道をお勧めする【写真4】。

この先の六叉路もスルーしてはいけない。信号に掲げてある交差点名に注目、**忍橋**（しのぶ）だ。現在の東四つ木コミュニティ通りは新堀川（しんぼり）（東井堀）の暗渠である。この交差点に昭和35（1960）年に架けられた忍橋はもはや跡形もないが、ダメ元で「ふっかつのじゅもん」を唱えてみよう。

【写真4】平和橋自動車教習所を貫く暗渠。毎年9月に「コース大解放」というイベントが開かれていたがコロナ禍後の復活を待ちたい

エンディングに向かって進め

京成押上線を越え国道6号の手前に現れるのがイトーヨーカドー四ツ木店だ。エンディングに備えて武器でも買うつもりで、駐輪場の先に寄ってみよう。公道との境目に、ホイップスライムのような白塗りの物体を見付けたら、柵の両側に**玉川橋**と刻まれているのを確認すべし【写真5】。そう、これはごみ集積場の役割を担って生き長らえる暗橋なのだ。すっかり街並みに溶け込んだ姿をしっかり愛でてあげてほしい。

京成本線を越えればいよいよ最終ステージ、青龍の頭にあたるエリアの攻略だ。川の手通りを左に曲がって回り込んだところにラスボス**元宮橋**がいるのだが、果たしてうまく見付けることができるだろうか。民家の柵に紛れ、その土台のように使われているのが元宮橋だ【写真6】。このラスボスを見破ってしっかり写真に収めれば、ドラゴンクエストコースも終了だ。周りと違ったテクスチャで、橋から手前に伸びている橋床は、あなたを勇者として称えるステージに変わる。

実はこの橋の奥、川の手通りに並ぶお店の裏側に川の痕跡が残っている。堀切菖蒲園駅に向かう前に、エンドロールを眺めるつもりでお店の間の細道を平和橋通りまで戻って眺めてみよう。

髙山

【写真5】なぜか白く塗られ街に溶け込む、昭和38年架橋の玉川橋。四ツ木用水に架けられた暗橋だ

【写真6】昭和33年架橋の元宮橋。野良暗橋らしく家の柵に擬態しているが、端っこにはしっかり銘板が残っている

北烏山 暗橋密集地帯を行く

歩行距離
約4.5km

最寄り駅
START
京王線
千歳烏山駅
↓
GOAL
京王井の頭線
久我山駅

都の西の桃源郷

世田谷区北烏山2丁目、3丁目に広がるJKK東京（東京都住宅供給公社）の烏山松葉通住宅と烏山北住宅。これらはそれぞれ昭和35年、昭和41年と高度経済成長期にできた団地で、それまであった烏山川とそれを囲む田んぼをそっくり飲み込むような形で造成された。

造成前は、おそらく烏山川本流以外に田んぼを結ぶ支流や連絡水路などが入り乱れる、水の豊かなところだったのであろう。それを物語るように、このエリアに今も10か所を越える暗橋が密集して残っているのだ。高度経済成長期に川を暗渠化して造成した団地は都内に多く見られるが、このように暗橋がまとまって残っているところは他にない。ここは、まるで俗世間から隔絶された別世界、陶淵明のいう桃源郷のような場所なのである。暗橋的に。

当節では、京王線千歳烏山駅から京王井の頭線久我山駅の間にある暗渠的名所を挟みながら、その桃源郷にある暗橋をくまなく巡るコースをご紹介する【地図1】。

【地図1】

北烏山 暗橋桃源郷マップ

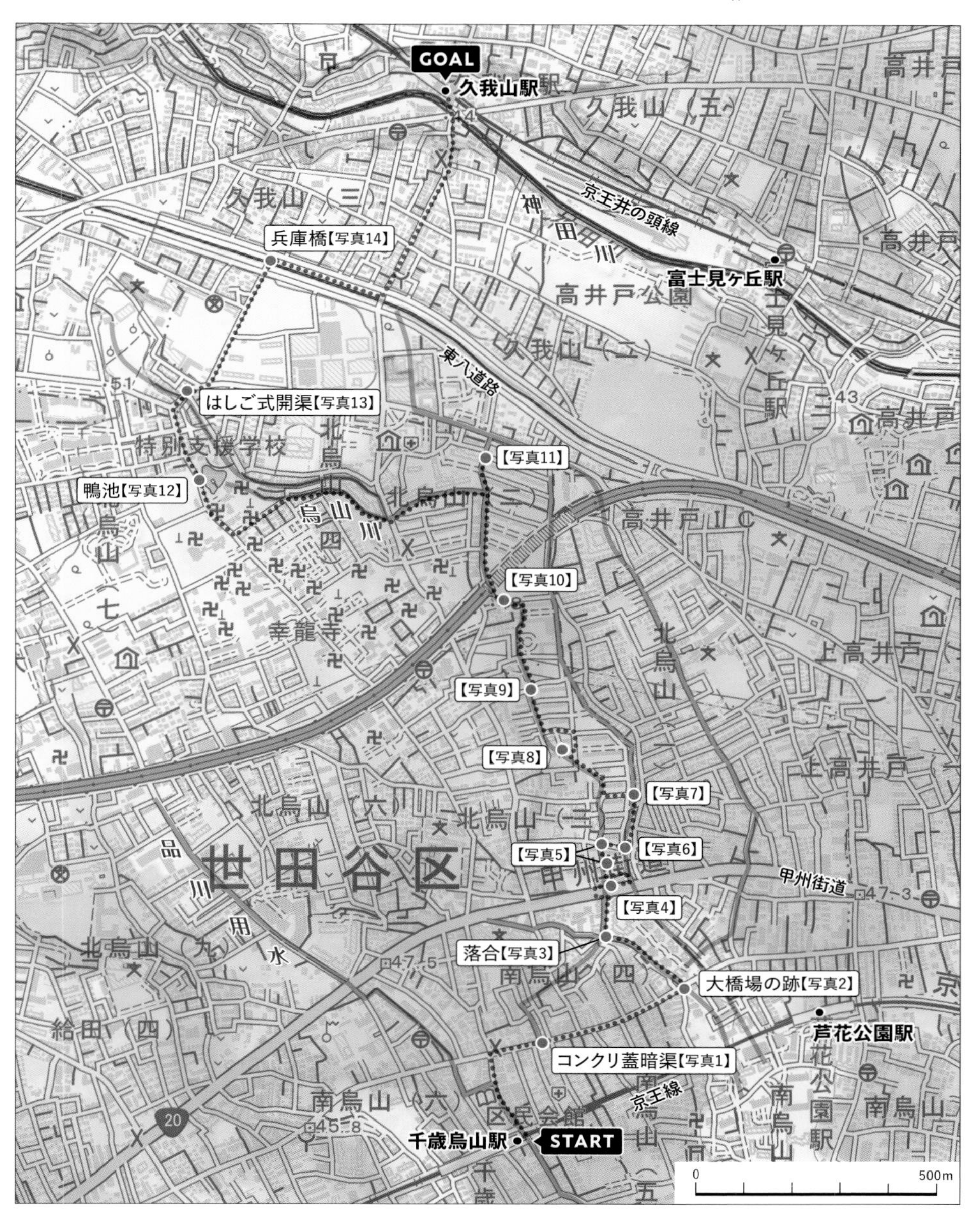

駅からは、水を感じてアプローチ

千歳烏山駅の北口から出たら北上し、旧甲州街道を右に曲がろう。道の左側に車止めに囲まれたコンクリ蓋暗渠【写真1】を確認しつつ進めば「大橋場」という橋の跡に石柱が見える。これは実際の橋ではなく、過去ここで起こった事件を後世に伝えるために建てられたモニュメントだ【写真2】。

ここを左に曲がって烏山川暗渠を歩けば、浅いお皿の底にいるようななんとも不思議な五叉路に出くわす。ここはあちこちから川が集まり合流するところで、落合と呼ばれていた場所だ【写真3】。

右折北上して甲州街道に出たら、まずは反対側に向かって道路を眺めてみよう。足元から斜め右に向かって暗渠があるのが、アスファルトのテクスチャの違いでわかるはずだ【写真4】。そしてその先には、ひっ

上右:【写真1】道端に現れ、奥まで続くコンクリ蓋暗渠。このあたりは水路跡が多いので路面から目が離せない
上左:【写真2】大橋場跡の碑。烏山川の川跡が碑の横に確認できる

【写真3】あちこちに車止めや不自然な歩道がある五叉路。写真1の蓋暗渠もここに合流する、水が集まる場所

そりと暗橋が佇んでいるではないか。このフェンスの向こうが烏山松葉通住宅。すなわち桃源郷の入口がここなのだ。

桃源郷で暗橋三昧

ここから順に巡っていこう。団地の敷地に入って先ほどの暗橋【写真4】の裏側を確認し、川跡を遡って2ブロック、3ブロックと進めば低く小さな暗橋が二つ連続で架かっている【写真5】。

そこから東に向かい、敷地の端っこに。隣接する工務店の塀にしか見えない【写真6】だが、この後紹介するものたちと同じ意匠なので暗橋とわかる。この暗渠に沿って100mほど北上すると、【写真7】の暗橋の登場だ。

いつの間にか名前が烏山北住宅に変わっている敷地を西に横切って駐車場スペース

【写真4】甲州街道を斜めに突っ切る烏山川暗渠。その先に4本の突起を持つ暗橋がある。親柱らしき両端を見ても橋の名はない

【写真6】自宅用ポストが乗っていたりと、工務店の塀にしか見えないが、このフォルムとスリットに注目。これが桃源郷の標準仕様だ

【写真5】低くて小さくて見過ごしそうだがこれも立派な暗橋だ。奥にも同型の暗橋が見える

との境に白い手摺が架かっている暗橋へ。これも足元をよく見れば【写真5】と同じタイプである。さらにその駐車場スペースの奥にあるのが【写真8】。【写真6】とほぼ同様の意匠だ。

この暗渠は敷地の西縁を北上しており、これを追いかけていくと出会うのが【写真9】の暗橋だ。これもやはり親柱のないスクエアな欄干にシンプルなスリットが入ったものだ。これを「桃源郷仕様」と呼ぼう。

この先、烏山北住宅と烏山川暗渠はまだまだ北に続くが、途中、中央自動車道が上を跨ぐ手前では、まとめて三つの桃源郷仕様暗橋に出会う。【写真10】の二つは金網で囲まれた開渠を挟んで置かれているので、厳密にいえば半・暗橋ともいうべきものだが、少し離れたもう一つは完全なる暗橋だ。

さあ、では桃源郷の残りの暗橋に向かって、一気に烏山北住宅の端まで行こう。そこには左右両側の欄干ペア【写真11】が2か所まとまって残っている。どちらも細い暗渠に架かっているので、幅も小振りな暗橋たちである。それでも意匠はこれまでの桃源郷仕様を踏襲していて、そこがまたかわいらしい。

以上がこの「桃源郷」で見られる暗橋たち、合計14件である。このうち10件は、スクエアな欄干にスリット入りの桃源郷仕様だ。特定エリアに密集する大変貴重な暗橋たちであるだけに、今後も果たして残されるのか行く末が心配。そこでＪＫＫ東京や世田谷区に問い合わせてみたのだが、こうして遺された意図や今後については判明しなかった。つまり現在これら暗橋は川面に浮かぶ根無し草のような状態なのである。いずれ団地の再開発となれば、この桃源郷にはもう二度とたどり着けなくなるかもしれない。

【写真7】工務店の奥の暗橋と、その背後の暗渠。団地内では烏山川が数本になって流れていた

【写真8】駐車場スペースの外囲いと化している暗橋。この意匠こそが、桃源郷仕様

【写真9】桃源郷仕様ではあるが、全体の幅やスリット間の幅が微妙に異なる

【写真10】奥と手前は、はしご式開渠を挟んで置かれる暗橋。厳密にいえば半・暗橋か

【写真11】数年前まで開渠の橋だったが、最近蓋が架けられ暗橋となった。小振りながらも桃源郷仕様を踏襲したかわいい暗橋、しかも左右ペア♡、さらにすぐ隣にもう一つ

ちなみに、このエリアにある暗橋はほとんどが何にも守られていない無防備な「野良暗橋」といえるものであるが、特に橋名が付けられていないので、Ｐ154での分類では全て「野良暗橋」分類から除外している。

久我山までのエピローグ

たくさんのマニアックな暗橋を立て続けに見て、さぞアツくなったかと思う。ここからはクールダウンの意味も含めて、おだやかな暗渠的&開渠的名所を巡りながら久我山駅までの帰路を愉しもう。

桃源郷を西に抜け、松葉通りから烏山川の細い暗渠道に入る。ひんやりした木陰が火照った頭に心地よい。寺町通りに入って、高源院に立ち寄れば、烏山川の源流の一つといわれる鴨池を望むことができる【写真12】。高源院を出たら、國學院大學久我山方面に向かって玉川上水を目指そう。國學院大學附属幼稚園の手前では、道路の左手に小さなはしご式開渠があるので、気が付いたらぜひ愛でてあげてほしい【写真13】。

玉川上水までたどり着けば、そこにあるのが兵庫橋【写真14】。リアルな水面を眺めながら、今日の行程を振り返ってみよう。また桃源郷に戻って来ることができる、そう確信したならば、あとは久我山駅めざして７００ｍを歩くのみだ。

髙山

【写真12】コウホネ、スイレンなど季節の花が美しく咲く鴨池。中央には弁財天も祀られている

【写真14】兵庫橋まで来れば、この散歩コースでようやくリアルな水面とご対面。ここまでの暗橋を振り返り、そこにもこんな水面があったことを改めて妄想してみよう

【写真13】道路横に突如出現する開渠。何本も切梁が続くさまがはしごのようなので、勝手に「はしご式開渠」と呼んでいる。下水道が整備された今では雨でも降らない限り干からびているところが多い

六郷用水 ゴージャス暗橋さんぽ

歩行距離
約4.5km

最寄り駅
START
京急本線
雑色駅
⬇
途中、電車にて
ワープ
⬇
GOAL
JR東海道線
蒲田駅

東京の南端へ

地図で東京都の南端を探すと、多摩川に沿って舌状に突き出した場所が浮かび上がってくる。大田区、六郷用水の末端エリアだ。六郷用水とは、狛江以下の多摩川左岸一帯を潤していた、江戸時代開削の壮大な農業用水路である。この舌状エリア、すなわち旧六郷町には六郷用水の分流、五反田堀、中宿堀、チョウサン堀などが流れていた。どれも地中に埋められ、いまは暗渠となっている。

堀が流れる先……六郷神社の前に、東京最南端の暗橋が鎮座する【写真1・2】。「鎮座する」という表現が、これほどピタリとくる橋も珍しいのではないか。その名は「**神橋**」。伊豆石の太鼓橋で、鎌倉御家人の一人、梶原景時が寄進（伝）と書いてある。古地図を見れば【地図1】、六郷神社の周囲では用水が太く構濠（かまえぼり）状となっており、水路上に橋がある。これが神橋だ。昭和50年代までは、神橋は川を渡るための橋だった（現在地への移動は昭和62年のこと）。

【写真1・2】神社に神橋は時折見かけるが、六郷神社の神橋はまるで大きなお供物のように、鳥居の前に実にうやうやしくおさまっている

【地図1】六郷神社の周辺の用水路が広くなっていることがわかる。神社の南に架かるのが神橋だ（『東京時層地図 for iPad』（一財）日本地図センターより「昭和戦前期」）

郷土資料をひも解けば、以前の神橋【写真3】で、六郷の子どもたちが遊ぶ姿がイキイキと描かれる。橋の下を流れる水は澄んでいて藻がたなびき、小ブナやテナガエビを釣った。神橋の上から飛び込み、泳いだ。近くに咲いている草花を摘んで欄干の凹みに入れ、石で叩いてつぶし、色水を作った。橋は参拝客のみならず、近隣の子どもたちの遊びにも最大限活用されていた。当時は祀られる存在ではなく、人々のすぐそばにあったのだろう。

神橋に会うには、雑色（ぞうしき）で降り、六郷用水づたいに歩いて行くといい【地図2】。第一京浜を渡ると、アスファルトの地面にコンクリートが混ざり、暗渠感が増す。五反田堀跡の蛇行する道をゆけば、六郷用水の説明板があり、暗渠道であることを確かめられる。そのまま水の気持ちになって進めば、神橋はすぐそこだ。六郷神社はその由緒が源頼義の時代、天喜5（1057）年まで遡る古社（推定）であり、陳列物も多い。境内には多摩川に架けられた**六郷橋**もあり、木橋最後の親柱だというから貴重だ【写真4】。

このあたりに来たなら、六郷水門にも足を伸ばしたい【写真5】。親水空間

【地図2】六郷周辺マップ

【写真3】昭和38年、神橋が水路の上に架けられていたころ（大田区立郷土博物館所蔵）

をそなえた南六郷緑地公園はかつて雑色運河であったが、汚濁等により大半が埋められた。公園の先、空が広くなり水門が見えてくる。人口が増えたことで排水に難を抱えたこの地区にとって、昭和6（1931）年にできた六郷水門は救世主だった。現在もその存在感は格別だ。トイレも模倣されていて、なんとも愛くるしい**【写真6】**。

蒲田の水路と暗橋

次は、蒲田駅周辺に移動しよう。このまま歩いていく場合には、六郷用水の分流づたいに進む手もある（その場合には浜竹堀の**権助橋跡【写真7】**も見ることができ

【写真4】旧六郷橋親柱。創架は慶長5（1600）年、徳川家康による。流出し渡し舟を使用した時期もある。この木橋は明治30（1897）年から明治43（1910）年にかけてのもの

【写真5】六郷水門。旧六郷町の町章が意匠に取り込まれている

【写真6】六郷水門の形をしたトイレ前のモニュメント。水がしたたり落ち、親水空間の源泉となっている

【写真7】権助橋跡（大田区東糀谷3-4-7）。六郷用水の分流である浜竹堀と羽田道との交差に架けられていた。浜竹堀が注ぐ南前堀、それから一つ北の北前堀は大部分が暗渠化され公園になっているが、先端の開渠部分に工事が入り、姿を変えようとしている

る）。が、電車でワープする手もある。一度雑色駅に戻り、京急蒲田駅で降りる。

蒲田といえば、呑川を遡ってきたシン・ゴジラが上陸するシーンは記憶に新しい。かつて、蒲田の市街地を貫きながら呑川に合流してくる六郷用水の支流があり、逆川（さかさ）と呼ばれた。水はけの悪いことが、「逆」の由来であろうといわれる。

逆川は大正時代に排水路化し、昭和42（1967）年に暗渠となった。旧逆川道路と呼ばれたのち、現在「さかさ川通り」となっている**【写真8・9】**。京急蒲田駅から呑川を遡ると、さかさ川通りに出る。平成26（2014）年に竣工したこの遊歩道には川の蛇行もデザインしてあり、暗渠なのにさわやか。そして呑川に接続する地点には、**蒲田橋**の親柱がどっかり設置されている**【写真10】【地図3】**。逆川最下流にある橋で、昭和5（1930）年に架橋されたものの一部だ。

【地図3】火災保険特殊地図（戦後）に載る逆川。パチンコホールの隣にあるのが蒲田橋

【写真8】平成24年に行われた逆川の工事現場見学会の様子。わずか1日だけ姿を見せた、逆川の護岸（大田区提供）

【写真10】蒲田橋跡。実際の架橋位置は少し西側だ。説明板では、欄干とともに残されていた橋の全体写真も見ることができる

【写真9】さかさ川通り。ゴミ捨てに来た大人が落ちたり、台風で増水した思い出などを秘め、蓋がされ今にいたる

さかさ川通りを進めば、大田区民ホールアプリコに突き当たる。再開発で生まれ変わったこの場所には、かつて松竹の撮影所があった【地図4】。歌舞伎から映画へと事業を拡大した松竹は、初代撮影所として「松竹キネマ蒲田撮影所」を大正9（1920）年に構えた。逆川は撮影所の前を流れ、そこに**松竹橋**が架けられていた【写真11】。撮影所にとっては玄関のようなもので、台風シーズンに逆川が溢れれば、松竹橋に板を敷いて渡ったという。手狭になり大船に移動する昭和11（1936）年までの16年間、大勢の映画スターが、この松竹橋を渡って撮影にのぞんだ。撮影所には他に、「ふたなしの池」という大池もあった。

さかさ川通り同様、まちの記憶をつなぐため、松竹橋が残されている。しかも、レプリカと本物、二つあるという稀な状態で。最初に寄贈されたのは、意外にもレプリカのほうだった。昭和61年（1986年）作の映画『キネマの天地』で使用するため、松竹橋が模造され、それが、住民の強い希望により蒲田に置かれることになったのだ【写真12】。

いっぽう本物の松竹橋は、なんだかアプリコの門のようになっている【写真13】。本物がここに来た経緯がまた素晴らしい。平成10（1998）年11月13日の朝日新聞にはこう綴られる。レプリカの松竹橋が蒲田に設置されたことを知った元撮影所勤務のカメラマンが、自身が所有する本物の親柱4本を大田区へ寄贈したいと申し出た。元カメラマンはまさにこの松竹橋を渡って通

【写真11】現役時代の松竹橋と逆川（大田区立郷土博物館所蔵）

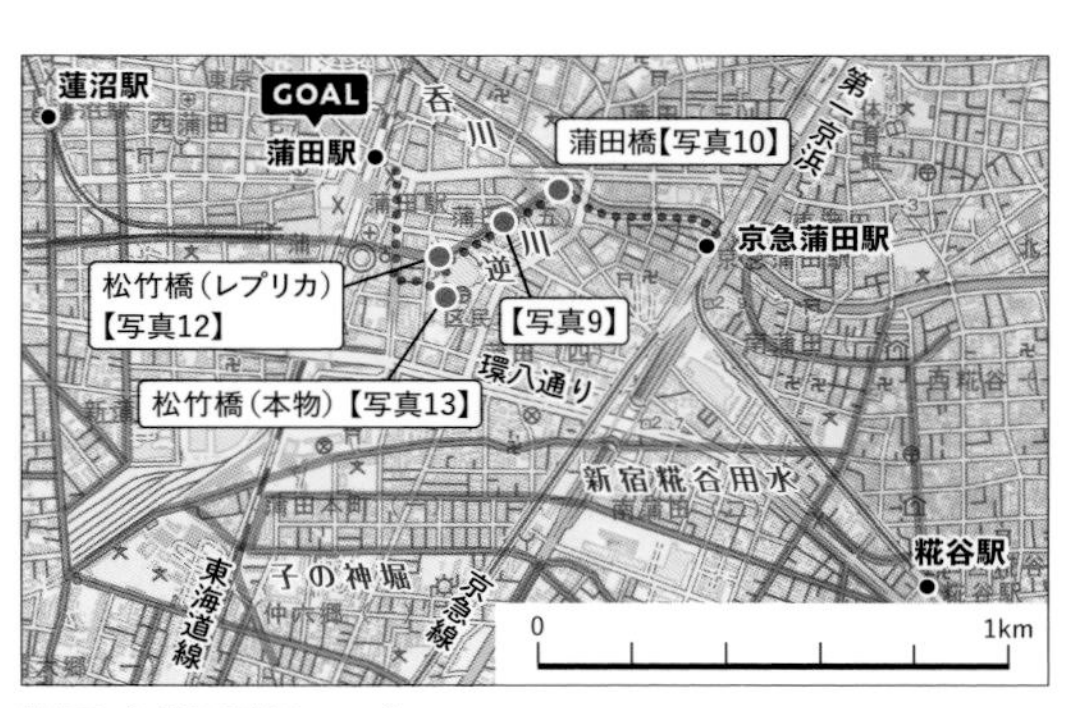

【地図4】蒲田周辺マップ

勤していたが、大船移転後、撮影所跡地にできた工場の片隅に親柱が二十数年放置され、処分されることを聞いた。それで自宅に保管するに至ったのだという。そして蒲田へ……暗橋が暗橋をよんだのだ。

残念ながら、逆川の橋は蒲田橋と松竹橋以外は消失している。**新田橋**、**東栄橋**なども蒲田の市街地には架けられていて、今も記憶がある人にはあるのだろうが、その姿はかつての写真からしのぶよりほかない【写真14】。

東京の南端は、有名武将に映画にとゴージャスな裏話を持つ、人々に敬われる暗橋が存在する地であった。蒲田でゴールするなら、やはり「歓迎」の餃子か、それとも「你好」の餃子へとハシゴか……打ち上げも充実した暗橋さんぽとなるだろう。

吉村

【写真12】松竹橋レプリカ。川を模した空間から外れた植栽の中にあり、見付けにくい。が、できるだけ実際の橋跡近くに置いたように思える。探し出せれば嬉しさもひとしお

【写真13】松竹橋本物。この松竹橋と逆川も作り込まれている松竹寄贈の蒲田撮影所ジオラマもセットで眺めたいところであるが、2022年現在は工事中のため見ることができない（工事完了は2023年3月予定）

【写真14】東栄橋（蒲田5丁目）を昭和43年に下流側から撮影したもの（大田区立郷土博物館所蔵）

板橋区、北端に埋もれる宝物を探しに

歩行距離
約4.0km

最寄り駅
START
都営三田線
志村三丁目駅
⬇
GOAL
都営三田線
西台駅

東京北部の特徴

ここまでの東西南編は、それぞれの「らしい」暗橋が充実しているエリアでの散歩ルートを紹介してきた。

北端ルートを考える時、はたして暗橋が充実している場所なんてあったっけ、と首をかしげてしまった。足立区や板橋区の北端に思いを馳せても、あまり橋跡を思い付かない。北部には石橋供養塔は比較的あるのに（P90）、目に見える暗橋に関しては砂漠地帯なのかもしれない。いや砂漠というより、北だけに、降り積もる雪のなか探しに探して、見付けた暗橋を拝む、みたいな出会い方をしてみたい。そのようなコンセプトにふさわしい地は、板橋区にある。

志村三丁目駅へ向かう。駅から出たらすぐに出井（でい）川暗渠！　という素晴らしい立地である**【写真1】**。出井川は整備された遊歩道になっているが、駅前ではよくある暗渠サイン、駐輪場に変身する。駐輪場を数十歩遡れば、「出井川橋梁」をくぐる

【写真1】志村三丁目駅前の出井川暗渠。駅前の自転車駐輪場は、暗渠が転用されているケースが多い

【地図1】

板橋区蓮根　北端暗橋探索マップ

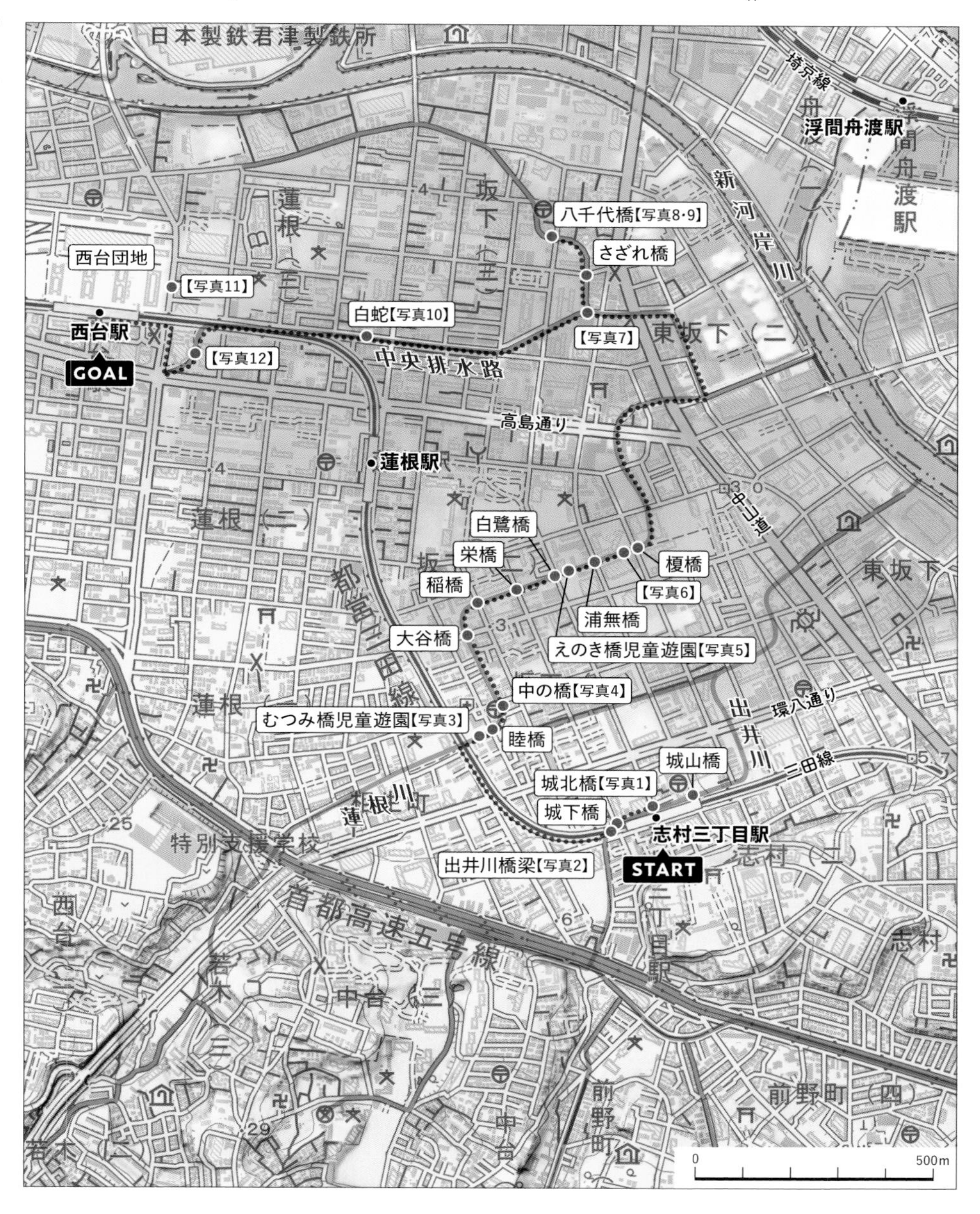

【写真2】出井川橋梁。電車の橋梁の中には時折、かつての川を跨ぐために暗渠名が冠されているものがある。出井川橋梁は駅から1分で行ける名所だ

ことができる**【写真2】**。このあたりは志村城址との絡みで、**城山橋**、**城北橋**、**城下橋**などの名の橋が架けられていたが、当時の欄干や親柱はみられない。

もう少し橋を感じられるよう、蓮根川に移動しよう。都営三田線の線路横に「むつみ橋児童遊園」がある**【写真3】**。**睦橋**跡周辺に広がる、橋の名が冠せられた暗橋公園だ。遊園というが、川のまんまの形でくねくね曲がり、遊具は乏しい。しかし、水門が突然現れたりするので、油断はできない**【写真4】**。「睦(むつみ)橋」の由来は「睦まじく生きていくことを願って」なのだそうだ。たしかに、むつみ橋児童遊園を通過する時、ベンチに腰掛け仲よく話している大人をよく見かける。

中の橋、**大谷橋**、**稲橋**、**栄橋**、**白鷺橋**、**浦無橋**、ときて、**榎橋**までくると、榎橋周辺も「えのき橋児童遊園」になっている**【写真5】**。稲橋という名からもわかるようにかつては一面の田んぼで、農家の人々が榎の木陰で農作業の一休みをしたという。

蓮根川は、隣の出井川や前谷津川（『暗渠パラダイス！』にて板橋三大暗渠として紹介した）に比べると郷土資料への登場回数が少ない。水源は板橋区若木2丁目、山からの湧水を集め、動植物に恵まれていた。長らく特定の名がなく、地元

右：**【写真3】**むつみ橋児童遊園。橋の名が冠された、川の跡を転用した細長い児童遊園。「睦」では読めない子どもたちのためにひらがなになったのだろうか

左：**【写真4】**オトナにとってはうれしい、水門の一部が突き出している光景

の古老は「ドンドン川」「どぶっ川」と呼ぶ。昭和の初め、薬品工場の排水により魚の姿が消え、戦後にかけては工場増加により地盤沈下が起き、水害が起きやすくなった。新河岸(しんがし)川の逆流もあったといい、昭和58(1983)年までに暗渠化されている。若木3丁目より上流は暗渠化が遅かったため、遊歩道にならない路地が残っていて、それもまたよい。

いっぽう中下流部は、それはもう歩きやすい遊歩道になっている。特徴的なのは、ローラースケート場が多いこと【写真6】。暗渠化の少し前から、周辺には団地が次々でき、子どもたちが大量にいた。現在はいつ行ってもローラースケーターを見ることはないが、ここにたくさんの子どもが遊ぶ妄想に力を貸してくれる。……とはいえ、ここまでまだ、目に見える橋跡には遭遇していない。

いざ、見える暗橋へ

蓮根川の最下流部にやってきた。このまま いけば新河岸川に注ぐ。しかしそちらには行かず、北に向かう。だって「北端の暗橋」を見に行くのだから。北に向かうため支流に入る。支流は二手に別れ、中央排水路と呼ばれるものと、二ツ井戸・三ツ池から流れ出る支流とがある。後者に向かう【写真7】と、落ち着いた緑道が続く。そうしてついに見えてくるのが北端の至宝、八

【写真5】えのき橋児童遊園。むつみ橋よりもビルの隙間感がある。「えのき」と書かれるとキノコ感が……

【写真6】ローラースケート場。暗渠上では時々見かける、昭和の名残だ

【写真7】二ツ井戸・三ツ池から流れ出る支流に向かう分岐。有名な井戸だったが、新河岸川開削の土で埋められてしまった

千代橋だ**【写真8・9】**。欄干を取られ、ちいさな親柱が二つ、亀が肩を寄せあうかのように、そこにいる。名ばかりで橋を見られなかった、我慢に我慢を重ねてきた道のりを思うと、この姿を見ただけでも胸が詰まる。

『郷土　板橋の橋』を見ると、八千代橋は親柱のみならず欄干までも残っていた。同書発行の平成10（1998）年から現在までの間に、欄干は廃棄されたのだ。地元の方曰く、施工業者が近隣の方に残すかどうか尋ね、今の形になったという。親柱だけでも残してくれたことには、感謝しかない。

「八千代橋」の由来は、君が代からきているのだそうだ。お隣の橋は「**さざれ橋**」。千代に八千代に、この暗橋が残り続けることを祈って、名残惜しいが踵を返す。

板橋暗渠名物を見ながらの帰路

分岐から支流に戻る。この支流（地元の古老は中央排水路と呼ぶ）を歩けば、まっすぐ西台駅に向かうことができる。と、そこへ白大蛇が現れる**【写真10】**。蓮

上：**【写真8】**八千代橋の痕跡（坂下3-25）
左：**【写真9】**『郷土　板橋の橋』に載る八千代橋

根川支流上にできたへび公園にいる、コンクリート製の艶かしいへび。もう45歳になるこのへびにも、まだまだ長寿でいてほしい。

西台育ちの方が子ども時代の記憶を教えてくださったので、記しておこう。へび公園のところは1m幅くらいのドブ川で、魚を採りに遊びいく場になっていた。ザリガニなど色々な生きものが採れ、網ですくってつかまえたのだそう。川幅が狭いので、泳ぐことはなかったそうだ。付近はただただ、田んぼが広がるような風景だったのだろう。

まもなく西台駅が見えてくる。隣にそびえ立つのは都営西台アパート・西台住宅。一階に地下鉄車両基地がある特殊さから、団地マニア垂涎の場所だ。特撮マニアにとっては宇宙刑事ギャバンやサンバルカン他多数のロケ地として高名で、色々と〝持っている〟味わい深い場所といえる【写真11】。

ダイエーの間をS字でオシャレに抜ける蓮根川支流【写真12】の上を、(ダイエーの)天空の橋が横切ってゆく。田んぼと用水路しかなかったこの西台に、わずか数年で続々とハイカラなものが建ち、華やかになった。橋跡を探し、我慢に我慢を重ねて出会った暗橋は、白大蛇や団地と比べると本当に小さくて、地面に顔を出したばかりのフキノトウのようだった。しかしそのささやかな姿こそがこの地に半世紀前まで続いた風景の象徴であり、この地の宝物といえるのではないだろうか。

吉村

【写真12】かつては田んぼと用水路以外何もなく、馬頭観音(田中の観音さまといい、現在もある)がポツンとあるだけの場所だった。ここでゴールだ

【写真10】木陰でひとやすみする白大蛇。板橋区には白蛇や大蛇の伝承が多く、それに因むものと思っているが、設置経緯不明のまま

【写真11】天空に浮かぶ西台団地。人工地盤の上に建つ、「天空の城ラピュタ」になぞらえる人もいる構造

3

23区勝手に暗橋コンテスト!

東京23区に数多ある暗橋。それぞれに特徴があり、愛おしさがある。

みんな違ってみんないい!……のではあるけれど、これはあえて暗渠マニアックス(高山・吉村)が思い入れと勢いでエイヤッと各区のナンバーワン暗橋を選ぶ、という、独断御免のコーナーなのだ!

これらの他にも各区にたくさんあるさまざまな暗橋。ぜひご自身に所縁のある区で、お気に入りの暗橋を見付けていただきたい。

▼地図はこちら

千代田区

龍閑橋(りゅうかん)

［龍閑川］

千代田区内神田3-1

江戸時代に開削され神田堀もしくは銀堀と呼ばれた川が安政4(1857)年に埋め立てられ、明治16(1883)年に再び開削、今度は龍閑川と名付けられた。神田堀に架けられていた龍閑橋が遺棄されず残っていたために、川の命名元となった。かつて名主井上立閑が住んだ場所が竜閑町となったことが「龍閑」の由来だが、龍閑川の由来はこの橋なのだ。千代田区と中央区の境でもあり、龍閑橋跡の置かれる鎌倉児童遊園も両区にまたがっている。千代田区内神田には「竜閑橋交差点」があり、エア暗橋としても活躍中。

(吉村)

上:大正15(1926)年製、日本最初の鉄筋コンクリートトラス橋として珍しいものだ
下:昭和24年前後、埋立て中の龍閑川の写真の奥に、龍閑橋のトラスが見える。現役時代最後の勇姿だ(中央区立京橋図書館所蔵)

※「野良」などの分類はP152参照

中央区

三原橋
［三十間堀川］
中央区銀座5-10

平成26年、解体が始まった三原橋商店街。商店街は橋桁の下をくぐるように作られており、映画館シネパトスもその並びにあった

戦後の瓦礫処理で三十間堀川が埋められ、橋としての役割を終えた三原橋。その躯体を活かし、平成26年までは三原橋地下街として第二の「橋生」を得、映画館や飲食店、理髪店までが入る「商店街」を橋下になしていた。昭和から平成と職場が近かった私は、ここにあった「食事処 三原」に何度も通ったものだ。銀座とは思えない素朴さと、ちょっとすえた匂いがたまらなく懐かしい。

今は全て埋められ、付近の交差点にその名を残すのみだ。 （高山）

港区

今里橋
［三田用水］
港区白金台3-12

高さは40cm強と低いが、その存在感は抜群だ。裏側にはU字溝に覆われた水道管のようなものも見られる

JR山手線内には野良暗橋が3か所あるが、そのうち二つは親柱だけで、欄干まで残っている野良暗橋はここのみ。港区どころか山手線内を代表する堂々たる暗橋。

またいでいるのは三田用水で、玉川上水を笹塚近辺で分け、渋谷、目黒を経てここまでやってくる江戸時代に造られた人工の水路だ。飲用の他、農業用水、工業用水など時代によってさまざまに貢献したが、ついに昭和49（1974）年に通水が終了。役目を終えてなおその姿を遺す、貴重な暗渠遺産である。 （高山）

銘板もない長い欄干が続く。それらは何者かに封印されるように鉄柵に囲われている

池尻橋
［玉川上水余水吐］

新宿区大京町28-1

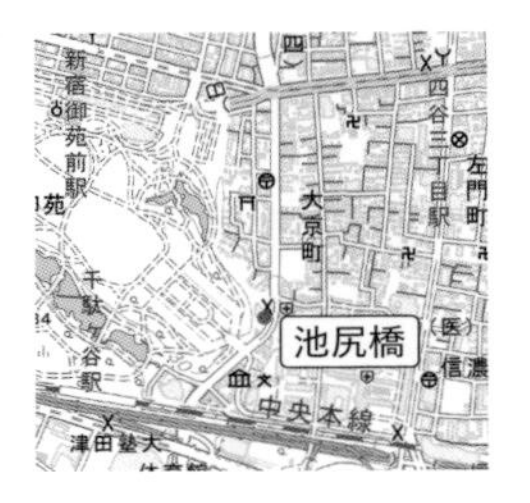

新選組一番隊組長・沖田総司ゆかりの暗橋だ。沖田は病に伏した晩年、「千駄ヶ谷池尻橋の際にあった植木屋・平五郎の納屋に匿われていた」という(諸説あり)。その池尻橋がここだ。四谷の大木戸から流れる玉川上水余水吐上に欄干が残っており、橋からは今でも深く抉られた谷筋を見下ろすことができる。

死期を前にした沖田の枕元には、よく黒猫が現れたという。谷底の陰に歩く猫を見付けたら、それは沖田が今際の際に見た黒猫の子孫かもしれない。（高山）

谷端川跡と不忍通りとが交差するところに、猫貍橋が架かっていた。現在、袖石が残され傍に説明板がある

猫貍橋（ねこまた）
［谷端川］

文京区千石3-13

猫又橋、猫股橋とも。猫と付くから可愛い感じがするが、妖怪変化の類である。狸が夜な夜な赤手ぬぐいを被って踊る、小判を盗んで殺された猫が生き別れの息子と出会わせてくれたので御礼に橋を架けた、僧がけものに追われ川に転げ込んだなどの伝承もあるが、「木の根っ子を橋にした」ので根木股橋説が優勢である。なぁんだ根っ子かと項垂れながらも、オリジナリティは断トツ。令和4年、根津小学校にて伊藤晴雨画の猫貍橋の絵が見付かった。田んぼに川に山という風景がこの地にもあった。（吉村）

台東区

龍門橋

［忍川］

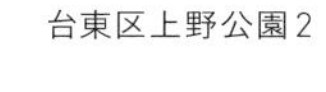

台東区上野公園2

小林清親「池の端弁天」に描かれる龍門橋と石碑。同じものだ！とうれしくなる

龍門橋の碑

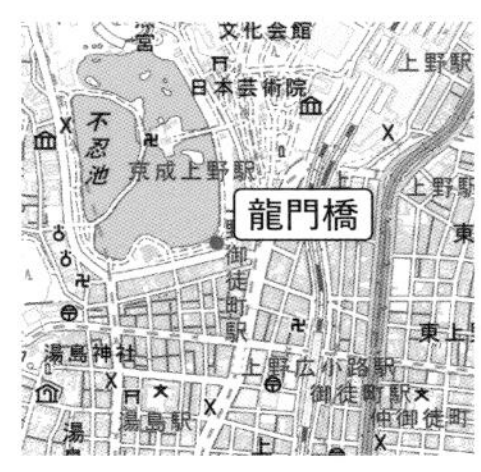

　不忍池の片隅にあり、池からの落ち口なのでその名が付いた。往時台東区は個性的で素敵な橋も多かったのに、川と一緒に橋もすっかりなくなり、いまや橋跡希少区である。この龍門橋碑も橋そのものではなく、忍川の始まりに置かれた橋名板のような位置付け。現在は駐輪所と化しているが、小林清親の龍門橋画にはこの碑が描かれている。藍染川分流の五人堀に架かる「雪見橋」碑も道路の反対側に残るが、情報が少な過ぎてまるで宝探し！「みはし」(P120)と合わせ、意外と暗橋を楽しめるエリアである。（吉村）

墨田区

更正橋

［曳舟川］

墨田区八広5-12

八広小学校校庭に普段は入れないので、覗き見でどうぞ

　八広小学校の校庭に創立45周年記念として保存されている。昭和8年製の4本の親柱がそれぞれ違う高さで配置され、橋跡なのに躍動感が凄い。人工池は水辺の雰囲気を醸すためなのか、なんとも独特の装飾である。八広小学校は旧更正小学校であり、目の前の歩道橋は更正歩道橋など、付近に名前を残す。ただし「更生」という表記が混在し、この親柱にも「更生橋」と書かれている。名の由来もそれに対応するかのようで、謎が多い。墨田区は大横川の平川橋や清平橋の保存も個性的である。（吉村）

富岡橋
［油堀］

江東区門前仲町 2-10

富岡橋の親柱は、なぜだかわからないが1本と3本に別れて置かれている。三つ並ぶさまはなんだかシュール

メタリック暗橋とはまた異なる趣。江東区では珍しく親柱（昭和4年改架）が4本全て残っているのがこの富岡橋だ。また、元の富岡橋はここではなくより北西、隅田川寄りに架けられていた。閻魔堂が北にあったため閻魔堂橋ともいい、元々の場所には閻魔堂橋に関する説明板があるため、合わせて見るのもいいだろう。閻魔堂橋は歌舞伎の「梅雨小袖昔八丈（髪結新三）」の舞台でもあり、主人公が捨て台詞を吐く名場面がまさに閻魔堂橋の前という設定である。錦絵などにも木製時代の橋が描かれている。（吉村）

庚塚橋（かのえづかばし）
［品川用水］

品川区大井 7-6

過去検証にあたっては、Uさんご提供の昔の庚塚橋が偶然写りこんだ写真を使用した。Uさんに心から感謝します

庚塚町会会館横にひっそりと1本だけ親柱が残っている。近所に実家を持つUさんが詳細な昔の想い出とともに語ってくださったところでは、かつては、1mほど西の道路の際に建っていたが、平成22年前後に現在の位置に移設されたとのこと。そこは町会館の敷地内にあるため分類としては「飼われ」だが、元は立派な「野良」暗橋である。

なお、移設前は本来の正面（庚塚橋と漢字で書かれた面）が90度右にずれていたそうだ。横面には「昭和二十五年八月」と刻まれている。（髙山）

目黒区

中根橋

［呑川］

目黒区中根1-3

下流側の欄干は無残に真ん中をカットされてはいるが、自転車置場のゲートとして生まれ変わることで生き残りを図っている

呑川が目黒通りと交差するところに架かっており、上流側には親柱が２本、下流側には立派な欄干が残っている。

架橋は昭和13（1938）年と刻まれているが、目黒通りは高度経済成長期前夜に拡幅されているので、その際に橋幅も広げられているはずだ。その後昭和47（1972）年から呑川は暗渠化されるが、これら度重なる大波に飲み込まれることなく残ることができたのは、上流側は緑道公園、下流側は自転車置場、それぞれに囲われているおかげもあろう。

（髙山）

大田区

子母沢橋

しもざわ

［内川］

大田区中央4-10

子母沢とは昔の字名。橋名と架設年の銘板が見られるが、角度は現役当時と変えられている模様

暗橋探しは宝探しに似ている。モニュメントのような堂々とした暗橋を辿るのもオリエンテーリングのようで愉しいが、街に埋もれた野良暗橋を探した時は、砂漠のなかで輝く宝石を見付けたような気持ちになるものだ。そんな体験ができるのがここ。道の両側に親柱が２本残っているとはいえ、縦・横・高さともに25cm程度。そのスジの素養がないとこれが橋だと気付かない、見る人を試す暗橋だ。

子母沢橋は、植え込みに隠れながらあなたに見付けてもらう時を待っている。（髙山）

世田谷区

みなみばし

［烏山川？］

世田谷区桜1-9

東急世田谷線の線路脇に横たわる親柱。ちゃんと橋名が見えるよう上向きになっているのは橋の魂の叫びか

烏山川の流路上、宮坂区民センターの駐車場奥に打ち棄てられている「みなみばし」の親柱は、世田谷区どころか23区内でもトップクラスの「謎暗橋物件」である。そもそも烏山川にはこの名の橋の記録はない。他の水系で確認できる最も近い「みなみばし」は、1.6km離れた品川用水だ。

世田谷区土木部に問い合わせてみると、「公式記録になく、詳細不明。ただし昔の職員の私的メモを見ると、その存在だけは認識されているようだ」とのこと。みなみばしよ、君はどこからやってきたのだ。（髙山）

渋谷区

初台橋

［初台川］

渋谷区初台2-4

ザ・橋跡という感じの、威風堂々たる御姿。アニメ『映像研には手を出すな!』に出てきた橋跡のモデルではないかと思っている

貴重な欄干ダブル。初台川は暗渠も風情があり、遡れば湧水あり、周辺ごと観光名所的である。川沿いに住まう方曰く、暗渠化前の初台川はゴミもあったが最後まで水は綺麗だったという。『渋谷の橋』等に、玉川上水に架かる改正橋が以前は初台橋だったという記載があり、混乱したので調べたところ改正橋を初台橋と称した記録はなく、改正橋駅が改称して初台駅になったことと混同したものと思われる。ということでめでたくこれが唯一無二の初台橋。昭和34年製のご長寿。ずっと元気でいてほしい。（吉村）

中野区

流路改修前の桃園川はここを流れていた。緩やかな流れで、障子を洗ったという記録も残る場所

（庚申）かう志ん橋

［桃園川旧本流］

中野区中央5-44

中野区を流れる桃園川に架けられていた橋のうち、特に立派な石橋が3橋ある。桃園橋、宮園橋、かう志ん（庚申）橋だ。それぞれが古く重厚感ある橋だったが、2021年夏に桃園橋が工事のために撤去、同年冬には宮園橋が新しいコンクリートを上塗りされチグハグな見た目になってしまった。3橋のうち唯一、そのまま残るかう志ん橋。この橋が最も古く、大正13年製である。ある時期まではもう片側の欄干も残っていたと目の前の小学校OBが教えてくれた。傍らには暗渠サイン、染物店もある。（吉村）

杉並区

付近の坂が「道灌坂」であり、向かいには「道灌橋公園」もある

道灌橋

［井草川］

杉並区上井草3-14

暗渠人気が高いエリアだが、暗橋は僅か。変わり者が一人いる。道灌橋だ。井草川脇に碑がある。太田道灌が1477年に布陣したとかしないとか、正確にいうなら「道灌が渡った橋」ではなく「道灌が渡っていたらいいなと思う場所の橋」である。この碑、実は石橋の一部。大正時代はより東にあり、3本の角石でできていた。区画整理事業で取り壊す際、近所の人が貰い受けた。うち1本が加工され、碑となった。つまり、杉並暗橋のうち最古となる。道灌が通ったかどうかはさておき、一位には相応しい。（吉村）

最初に見た時はゴミの下に埋もれていたが、「ゴミを退けておくから数日後に来て」と言われて数日後に行ったところこのように救い出してくださっていた。「そめずばし」と読める

慈眼寺門前でいけず石的にお寺を守る不染橋親柱。通行するたび拝みたくなる存在だ

不染橋（そめず）

［谷田川・藍染川］

豊島区巣鴨5-37

谷田川・藍染川を水源から歩くと最初に出会う暗橋だ。敷地である慈眼寺ご住職に尋ねたところ、この親柱は昭和55年に門の工事を行ったさいに地下から出てきたものだという。文字が比較的読める2本を門前に置き、第3の親柱は墓地入口に転がっている。門前の2本は、車が塀にぶつかることを防ぐために境界寄りに配置。つまり実際の橋の幅はもっと狭い。大正5年に竣成した不染橋、現代は役割を変えているが、暗渠ファンからすると「地中から出てきてくれてありがとう！」な、感慨深い存在だ。（吉村）

北区

名の由来はそのまんま、3本の杉が江戸時代に生えていたからだという。親柱にはしっかり彫り深くその名が刻まれている

三本杉橋

［石神井川上郷三ヶ村用水］

北区王子本町1-1

JR京浜東北線王子駅のすぐ近くに、ぽつんと立っているのが三本杉橋の親柱だ。そこそこ往来の多い交差点に、忘れ去られたように一本だけ残されており、そこはまさに都会のエアポケット。電柱と電灯の柱に挟まれてごく自然に街の風景に溶け込んでいるが、それだけにこれが暗橋だとわかると小さな驚きがあるはず。

同じ北区では、JR赤羽駅付近にも仙臺橋と書かれた橋の親柱がぽつんと道端に残っている。

（髙山）

荒川区

荒木田新橋

［江川堀］

荒川区町屋6-19

道路の反対側にも2本ある。隣り合っている居酒屋が「尾竹橋」で、混沌としていてよかったが、廃業してしまった

荒川区には立派な暗橋が3本残る。荒木田新橋と花の木橋（藍染川）と将軍橋（音無川）、甲乙付けがたいがここは荒木田新橋に軍配を。親柱が4本とも残る点がポイント高し。江川堀は木橋が多いが、荒木田新橋が鉄筋コンクリート製なのは重要な位置に架けられていたからか。荒川区の川は暗渠化が昭和初期と早いのだが、下水道普及が遅れ、排水路であり続けたために最後まで残った江川堀。昭和6年製のこの橋は、そんな江川堀唯一の遺構である。荒木田は、スミレやレンゲの咲き誇る景勝地だった。（吉村）

名無し橋

［中用水・北耕地川］

板橋区大和町42-1

日曜寺は参拝客も多かった。ここを渡った人も多く、名前などなくても愛された橋だったのだろう

見事な装飾だ。たくさんの文字が彫ってあるが、その中には染物屋組合が寄進した記録も。というのは文献からの情報で文字を読むことができず、橋名がわからない。日曜寺の住職に尋ねたところ、住職も名前はよくわからないという。下を流れていた中用水は、住職の世代もその親世代の時代も暗渠であり川面を見たことはなく、さらに上の世代は、泳いだり大根を洗ったりしていたのだそうだ。水面を失ってから永く経つが、この日曜寺、そして隣の智清寺と、連続して中用水に架かる橋が残されている。（吉村）

筋違橋（すじかい）

[千川上水]

練馬区豊玉北5-18

千川通りの南側を流れていた千川上水は、ここで通りの北側に代わる。そこにあったのが筋違橋である

練馬区役所すぐそばの筋違橋。練馬区を東西に横断する千川上水に架かっていた。当時の橋のパーツはなく、「筋違橋跡」と書かれた石碑が道の両側に一基ずつ置かれており、お世辞にも風情があるとは言い難い。しかし、碑の裏側には暗渠化前・昭和15年前後の橋と流れの鮮明な写真が解説付きで載っているのである。これによると筋違橋は「昭和30年までこの地にあった」とのこと。実物はなくとも十分に暗橋がしのばれる、区のやさしさでできた良物件だ。

（高山）

富士見橋

[古隅田川]

足立区綾瀬2-17

上：令和2年の富士見橋。駐輪場に親柱と暗渠サインがばりばり
左：令和4年の富士見橋。まるで踏み絵だ。暗橋愛を試そうというのか

足立区には暗橋が驚くほど少ないが、足立区と葛飾区の境を流れていた古隅田川には幾つか残る。といっても、以前は川跡が駐輪場になっており、親柱がそのまま残されていた。近年工事が入り、駐輪場は姿を消し、暗橋は銘板のみとなってしまった。江戸の初め、この流れは隅田川と名乗るずっと太い川だったが、伊奈氏の河川改修により悪水路に変わり、周囲の都市化によってどんどん細くなっていった。同様にその名残である暗橋も、年々小さくなってゆく。なお、近くにはエア暗橋「袋橋公園」がある。（吉村）

葛飾区

見通しのよい小岩用水水路上に静かに立つ何本もの石柱。その姿はまるで葛飾のストーンヘンジ

桜二橋

［小岩用水］

葛飾区鎌倉3-14

葛飾区は暗橋天国だ。消滅したもの含め暗橋リストも整備されているし、今も残っている各種の暗橋物件も豊富、特に野良暗橋が多いことは特筆に値する。そんな中でもベストとして推したいのがこれ、桜二橋だ。

旧水路上には幅の広いコンクリ製の蓋が延々と架けられており、氷河のように続くそのさまを見るのも味わい深い。ちなみに桜一橋はすぐ隣、北総鉄道北総線付近にあった。

（高山）

江戸川区

長さ2.4mもある大きな遺構には四俣橋と彫られているが、一の橋という別名もあった

四俣橋

［不明］

江戸川区松島2-16

元々は、荒川放水路に没した旧行徳道と旧千葉街道が交わる、交通の要衝となる交差点（四ツ叉）にあった橋。旧千葉街道に沿う農水路に架けられていた橋の遺構が、現在はやや東に寄った民家の敷地に置かれている。

いちおう江戸川区教育委員会による説明板が掲示されているのだが、家の裏にへばり付くようにひっそりした置かれ方がなんともフラジャイルであり、そこがまたいい。遺構は花崗岩製の橋桁だが、全体は煉瓦で作られていたという。

（高山）

コラム1

東京23区外の暗橋

きっとどの街にもある暗橋

この本では東京23区内の暗橋を扱っているが、もちろんその他の場所であっても、少しでも都市化の波を受けている「街」であるなら暗橋は見付かるはずだ。

もっとも見付けやすいのは、【写真1・2】のようなパターン。暗渠上のスペースがちょっとした公園のように整備されており、かつてそこにあった橋跡が説明板付きで配される。街の自慢の観光スポット扱いで、遠くからでもよく目立つ【写真3・4】。

こんな皆の目を引く暗橋に立ち止まり、由緒などを読むのも愉しいのだが、路地や裏道に人知れずあり続ける地味な暗橋を見付けた時は、声を上げてしまうほど嬉しくなってしまう。それはまさに、前世で惹かれあった恋人との邂逅のようだ【写真5・6】。

愛しの暗橋、竹の橋

私にとってそんな出会いの代表格が、禅馬川という暗渠にあった竹の橋だった。禅馬川は、横浜市磯子区を流れる短い自然河川だ。清流を保っていた頃は子どもたちの恰好の遊び場だったが、生活排水による汚染と行政の下水道政策によって昭和44（1969）年に全て暗渠化された。以降の禅馬川は、歩行者専用の安全な裏道として重宝されたそうだ。そんな地元民の知る人ぞ知る道に残っていたのが竹の橋なのである。

初めてこの暗渠を辿り竹の橋に出会った時は、そのフォルムの美しさ、そしていかにも皆の暮らしの一部として周囲に馴染んだ佇まいに、心震えたものである。きっとまだ、知

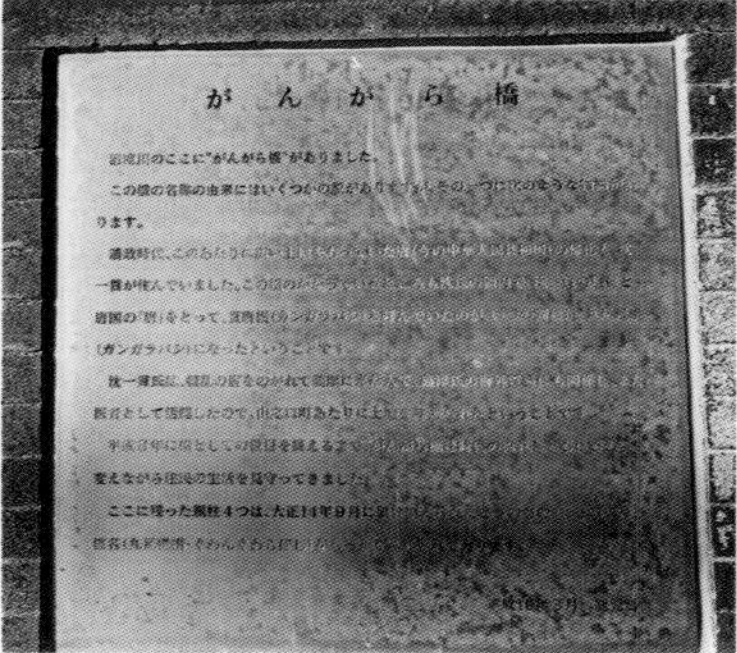

【写真1･2】鹿児島市南林寺町2、清滝川の暗橋がんがら橋は広場に置かれていて、噴水の周りに4本の親柱と説明板が配されている

【写真3･4】鎌倉市材木座3-15の乱橋は鎌倉十橋の一つ。暗橋は小さいが、由緒が彫られた隣の大きな石板は嫌でも目に入る

【写真5】名古屋市中川区烏森町四反畑12、中井筋に架かる暗橋、常盤橋。その存在は隅っこに貼られた銘板に気付かなければ知られることはないだろう

【写真6】台湾、台中市の裏道で出会った暗橋。半分道に埋まっているさまはまるで古代遺跡。反対側に回ると銘板が確認できる

【写真7・8】横浜市磯子区岡村4-22、逆光に美しいフォルムが映える竹の橋（令和元年）。再訪した令和4年には見る影もなし

らない土地ばかりか、自分の見慣れた場所にさえこんな暗橋が「発見」されるのを待っているに違いない。

うたかたのごとし、街中の暗橋

残念ながら、数年後再訪した時には暗渠は再舗装され、暗橋はきれいに撤去されていた【写真7・8】。辛うじて銘板だけが、でっかい非常ボタンみたいに赤い柱に取り付けられている【写真9】。

そうなのだ、油断してるとすぐにこうなってしまうのだ。こうしている間にも、世界のあちこちで暗橋は再開発の波に飲まれうたかたのごとく消えていくのだ。

街の路地にひっそり紛れる暗橋は、もはやわずかな痕跡だけになっているかもしれないが、きっとあなたのそばにも残っている。そんな暗橋に出会った時こそしっかり眺め、記憶に焼き付けてほしい。そしてできれば私に、あるいは誰かに伝えてほしいのだ。髙山

【写真9】傍らに残された竹の橋の銘板。橋が消えたのは残念だがこれも立派な暗橋であり、誰かの残そうとする意志が感じられる場所だ

【第2部】

暗橋を理解する
「暗橋資料」編

暗橋を見ていると、いろいろなことが気になってくる。
いざ、調べてみると、さらに深みが見えてくる。
資料の海に漕ぎだして、考察してみよう。

1 暗橋が秘めるものがたり

暗橋はいつも黙ってそこにいるから、見るだけではわからないけれど、
その一つ一つにものがたりがある。
川があった頃、橋で起きた出来事。橋の始まりと終わり。
人々が橋とともに紡いだものを、見てゆこう。

① 橋の始まりと祈り ―渡り初めと橋供養―

開通式と渡り初め

橋にも人生がある。川よりもずっと明確に。座標としての橋ではなく建造物としての橋ならば、石橋であれ木橋であれ土橋であれ、そこに架けられる最初の日と、そして次なる橋に架け替えられる最後の日、というものがある。

つまりどの橋にもかならず「始まり」がある。その始まりの時、人々はその橋が末長く丈夫であるように、と祈りを捧げる。祈りを捧げるための儀式には何通りかあって、開通式であったり、渡り初めであったり、橋供養であったりする。現代でもそうであろうが、時代を遡れば

遡るほど、川に橋を架けることは大変な作業だった。それゆえ、始まりのセレモニーは、否が応でも大げさなものとなる。

「渡り初め」は、その土地に住む高齢の夫婦が渡ることにより、橋がその夫婦のように永く健全であるようにという祈りを込める儀式だ。同様の趣旨で三世代を渡らせる、などのパターンもある。起源は詳らかではないものの、橋供養（後述）の風習がしばらく続いたのちの、江戸時代から行われ始めた風習であるようだ。「渡り初め」をもう少し現代風にいうと、「開通式」となる。

これらの語は、明治時代は混在しているので、共通する要素も多いのだろう。「開通式」とは橋の開通を祝って行う盛大な祝賀式であるが、時代や場所によりさまざまな様相をみせる。たとえば都内の渡り初めや開通式に関する新聞記事を見てみると、近い時期でも少しずつ異なっている。

- **数寄屋橋**（外濠川）の渡り初め：明治42年。祝辞に奏楽、6人による渡り初めののち、祝賀会。風船が飛び、美人も着飾って参加した。
- **千代田橋**（楓川）の渡り初め：明治43年。老夫婦による渡り初めが行われた。
- **鞍掛橋**（浜町川）の渡り初め：明治44年。近くに住む足袋商人の夫婦（84歳と76歳）による渡り初め。開通式も同時で、紅白の幔幕がかかり、祝辞、大神楽、手踊り等を開催。
- **親父橋**（東堀留川）の開橋式：明治44年。提灯や万国旗が吊るされ人も多く来たが、橋を委員が歩き回り、下を船が通って確かめるのみの簡素なもの。親父橋では明治24年に開通式、大正14年にも開通式と渡り初めが行われている。

渡り初めは、さまざまに形を変えて現代でも行われている。

橋の供養

23区内ではそれほど数多くないが、暗渠について調べていると「石橋供養塔」を見かけることが時折ある。「橋供養」は、ある時期まで行われていた祈りの産物で、主に石造物として残される。供養という表現から、古い橋を弔う意図のように錯覚するかもしれないが、この「橋供養」および石橋供養塔には、多様な意味合いがある。

架橋が終わった時、その橋の上で法会(ほうえ)を設け、供養を行う。橋を利用する人々の安全と、洪水で流出することのないよう神仏の加護を得るため、そして橋が末長く使われるようにという祈りが込められている。橋は精魂の宿る神聖な場所と考えられていたので、疫病や災いが橋を渡って村に入ることを防ごうともした。

廃橋供養の儀式かと思いきや、始まりの式典であったのだ。それも現代はめっきり行われていないが、例外的に、昭和57(1982)年に呑川の夫婦橋(京浜急行蒲田駅付近)にて旧橋取り壊しのための橋供養が行われている(本来の橋供養とは異なる語の用いられ方である)。

なお、全ての橋で橋供養が行われていたわけではない。石橋供養塔のある場所は、川と街道、旧道などが交差する場所が多い。すなわち、利用者の多い場所である。

23区内の石橋供養塔(暗橋に関連するものに限定)を一覧にした【表1】。南川光一の、武蔵国石橋供養塔調査によれば、享保の新田開発以降から18世紀末にかけてがピーク、以降減少し、昭和ま

【表1】23区内の暗橋に関係する石橋供養塔一覧

橋名(暗渠名)	形態	建立年	住所	備考
不明(八ヶ村落とし)	尖頭角柱	元禄4年(1691)	足立区東和1-29-22	円性寺。庚申塔を兼ねる
7本の橋(不明)	角柱形	安永6年(1777)	足立区千住1-2-2	不動院。庚申塔を兼ねる
江北橋(中堰悪水路か)	丸彫	文政年間(1818〜30)	足立区大谷田5-20-1	足立区立郷土博物館内。庚申塔を兼ねる。現江北橋の架かる荒川は人工河川で江戸時代には存在しない
熊の木橋か(神領堀)	角柱形	天明30年(1783)	足立区江北3丁目47-8	青面金剛庚申塔を兼ねる。裏面に石橋供養の記述があるというが、小堂内にあり確認できない
不明(出井川)	角柱形	明和7年(1770)	板橋区前野町5-56	志村第二公園内。庚申塔と道標を兼ねる
不明(前谷津川)	角柱形	明和2年(1765)	板橋区赤塚新町2-3	路上(前谷津川上流端)
中丸橋と中上橋(谷端川)	尖頭角柱	延享2年(1745)	板橋区南町31-1	西光院
不明(上下之割用水西井堀および分流か)	尖頭角柱	享保16年(1731)	葛飾区新小岩4-32-17	六字名号塔。六十六部(行脚僧)が浄財を集めて橋を建立したことが書かれている
27本の橋(上下之割用水および分流か)	角柱形	安永6年(1777)	葛飾区新宿2-19-13	水戸街道石橋供養道標。かつての形態は角柱+丸彫であった
姥ヶ橋(中用水・北耕地川)	丸彫	享保9年(1724)	北区上十条4-12-4	橋供養のための地蔵菩薩
12本の橋(石神井川上郷七ヶ村用水)	角柱型	文政10年(1827)	北区岩淵町32-11	正光寺門前
不明(品川用水)	尖頭角柱	元禄8年(1695)	品川区西大井1-6-3	元禄八年銘道標。道標と石橋供養塔を兼ねる
橋2本(千川上水分流)	舟形	享保16年(1731)	新宿区西落合1-11	自性院。観音菩薩像を兼ねる
不明(六ヶ村分水)	板碑	明治25年(1892)	杉並区桃井2-4-2	薬王院内
北見橋(品川用水)	尖頭角柱	大正3年(1914)	世田谷区経堂5-17-25	長島大榎公園
不明(谷沢川支流)	尖頭角柱	安永9年(1780)	世田谷区等々力8-19-7	路傍
2橋分か(烏山川)	角柱+丸彫	寛政4年(1792)	世田谷区経堂5-25-9	道標を兼ね、上部に地蔵が乗る。石橋施工に関わった人の紹介が書かれている
不明(六郷用水)	角柱形	明治33年(1900)	世田谷区大蔵6-4-1	永安寺
不明(弦巻川)	尖頭角柱	享保18年(1733)	豊島区南池袋4-2-7	御嶽坂。両親の供養を兼ねる
不明(桃園川支流)	尖頭角柱	安永6年(1777)	中野区東中野1-11	氷川神社内
筋違橋(千川上水)	舟形	安永3年(1774)	練馬区豊玉北5-18-2	東神社。馬頭観音を兼ねる
不明(三田用水)	角柱形	文化9年(1812)	目黒区青葉台4-2-20	路傍

※この他にも、施設に入れない等で未確認の石橋供養塔が数基ある

で続くという。建立の主体は個人、有志、講中、村中などさまざまな形態を持つ。また、対象とする橋は必ずしも一つではなく、二つの場合もあれば、最大で27というものまであった。南川によれば、土橋・木橋・板橋の供養塔も存在するということである。23区内の事例は石橋が多く、18世紀のものが比較的多いが、最新は大正時代であった。

開渠の例を見てみよう。仙川と登戸道との交差に架かる石井戸橋の石橋供養塔は、利用者らがお金を出し合い堅固な石橋を架け、その際に建てたもの【写真1】。重要な道にある、利用者の多い橋ならではだ。渋谷川（開渠部分）の庚申橋も同様で、遠方の人物までも寄進者として記載されている【写真2】。

川としてのサイズは小さくなる、暗渠・暗橋に関連する供養塔はどうだろうか。葛飾区の「水戸街道石橋供養道標」（上下之割用水上の橋と推定）は道路工事に伴いいったん撤去されたが、平成31年に元の場所近くに戻ってきた【写真3】。それと「六字名号塔」が葛飾区に現存する希少な二つの石橋供養塔だ【写真4】。「元禄八年銘道標」は、品川用水に石橋を架けた大井村の念仏講中が、石橋の安泰と通行者の安全を願って建てたもの【写真5】。「姥ヶ橋延命地蔵尊」はただの地蔵ではな

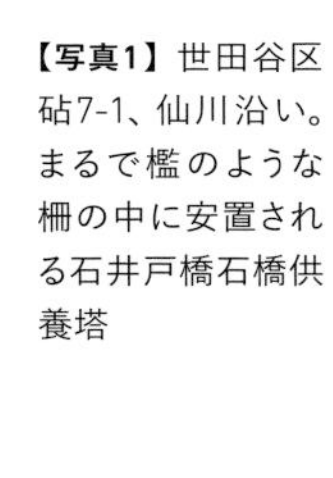

【写真1】世田谷区砧7-1、仙川沿い。まるで檻のような柵の中に安置される石井戸橋石橋供養塔

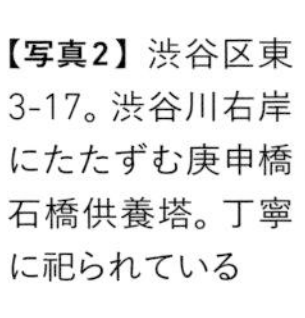

【写真2】渋谷区東3-17。渋谷川右岸にたたずむ庚申橋石橋供養塔。丁寧に祀られている

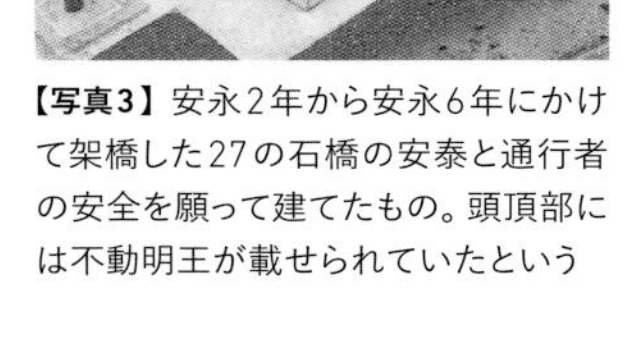

【写真3】安永2年から安永6年にかけて架橋した27の石橋の安泰と通行者の安全を願って建てたもの。頭頂部には不動明王が載せられていたという

く、実は台座に石橋供養と刻まれていて【写真6】、中用水・北耕地川に架けられていた**姥ヶ橋**のものだ。これらはいずれも、道標や他のものの供養などと合わせ、橋供養以外の機能も持たせた石造物である。このようなマルチ石橋供養塔が、23区内には散見される。

我々は、長い年月を生き残り、史跡として保存されている供養塔しか見ることはできない。マルチ供養塔とはつまり、出資者が多く立派な石造物である。想像に過ぎないが、小さなサイズの純粋石橋供養塔がまだ、あちらこちらの土の下に眠っているような気がしてならない。実際、今回未確認の世田谷区の個人宅内にある石橋供養塔は、49×39×22cmとあまり大きくないサイズである。

以降、写真とキャプションにて、暗橋に関連するマルチ石橋供養塔と純粋石橋供養塔を説明していく【写真7～23】。決まった型がなく、思い思いに作られていることがわかるだろう。その個別の造形にこそ、作り手の祈りが込められている。

（吉村）

【写真4】廻国行者が亡くした子どもの供養と旅の安全、村を流れていた川の橋の完成を記念して建立したという

【写真5】品川用水跡を歩いていると出現する、石橋供養塔を兼ねた道標の石柱

【写真6】地蔵尊はここで子どもを落として死なせてしまった乳母の供養のために作られたといわれるが、銘文によれば石橋の安全供養のためである。「供養」の意が取り違えられて伝わったか？

【写真7】足立区、円性寺にある石橋供養庚申塔。青面金剛庚申塔を兼ねている

【写真8】足立区、不動院にある石橋供養庚申塔。写真左、比較的シンプルな角柱状。左に回ると、「同所西耕地石橋七ヶ所○之」と読める

【写真9】足立区の郷土博物館内にある庚申塔。下沼田村の庚申講中が橋供養と同時に建立した。郷土博物館には他にも見ごたえのある橋関連のものが陳列されている

【写真10】板橋区、出井川沿いの公園に置かれている石橋供養塔。植物生い茂る季節に行ってしまったため、最も隠れてしまっている右側の角柱がそれである

【写真11】板橋区、前谷津川最上流部と川越街道の交差に架けられていた石橋の供養塔。風化してしまい文字がほとんど読めない。暗渠へ誘う役割に見える

【写真12】板橋区、西光院の門前にある石橋供養塔。比較的ミニサイズ。少し離れた谷端川に架かる二つの橋のためのもの

【写真13】北区、正光寺の門前にある石橋供養塔。江戸冨沢町の人物が12橋を供養したもの

【写真14】新宿区、猫寺として有名な自性院に置かれる石橋供養塔は近くを流れていた千川上水分流の2橋のもの。写真左、観音菩薩像がそれといわれるが、文字は見当たらず詳細不明

【写真15】杉並区、薬王院にある大きな板碑状の石橋供養塔。青梅街道沿いを流れていた六ヶ村分水に架かる石橋のためのもの。観泉十三世代が建立し、一部が名を連ねている

【写真16】 世田谷区、長島大榎公園にある北見橋関連の石造物二つ。右側が石橋供養塔

【写真17】 世田谷区、東京都市大付近を流れる谷沢川支流の傍にある石橋供養塔。屋根付きで、いつも何かが備えられていて、大切にされていると感じる

【写真18】 世田谷区、烏山川から台地へ上ったところにある石橋供養塔。移設された可能性が高く、暗渠を歩いているだけだと気付けない

【写真19】 世田谷区、永安寺の門前にある石橋供養塔。この近くの民家にも石橋供養塔が眠る

【写真20】 豊島区、御嶽坂にある。木村氏により建立された、亡き両親の供養塔を兼ねた石橋供養塔。大きめの角柱で、左に回ると石橋供養の文字が見える

【写真21】 中野区、氷川神社の手水の前にある石橋供養塔（右側）。桃園川支流、谷戸川（仮）に架けられていた石橋のためのものであろう

【写真22】 練馬区、東神社内にある石橋供養塔。珍しく馬頭観音を兼ねている。というか、馬頭観音にしか見えないので神社の方に確認したところこれだという

【写真23】 目黒区、三田用水と滝坂道の交差に架かる石橋の供養塔と推測されるもの。三田用水沿いの十三ヶ村の名が刻まれている。昭和47年に発見されて設置にいたった

② 最も多くのものがたりを持つ橋、数寄屋橋

数寄屋橋とは

数寄屋橋と聞くと、数寄屋橋交差点を思い浮かべる人が多いのではないだろうか【写真1】。有楽町駅近くの、外濠川に架けられていた橋である。交差点の場所に川は流れていないので、実際の数寄屋橋があった位置は、少しばかりずれる【写真2】。そしてその場所に、橋は現在カケラも残されていない。

数寄屋橋は南北に架かっていたが、明治35（1902）年、晴海通りの整備に伴い東西に架け替えられた【地図1・2】。何度か代替わりし、最後の数寄屋橋は震災復興事業で作られた。意匠に凝る復興橋が多いなか、数寄屋橋は装飾のない、つるりとした機能的デザインとなっている【写真3】。新進気鋭の建築家山口文象のこだわりであり、彼の代表作だった。

名称の由来は判然としない。江戸からある橋で、比較的優勢な説は茶人織田有楽斎の邸と茶室（数寄屋づくり）があったから、というものだが、根拠が弱く、有楽斎が住んでいたかどうか疑わしい。また別に、数寄屋（茶坊主）頭の

【写真1】数寄屋橋交差点の上に掲げられる「数寄屋橋」の文字。考えてみれば「橋」なんです

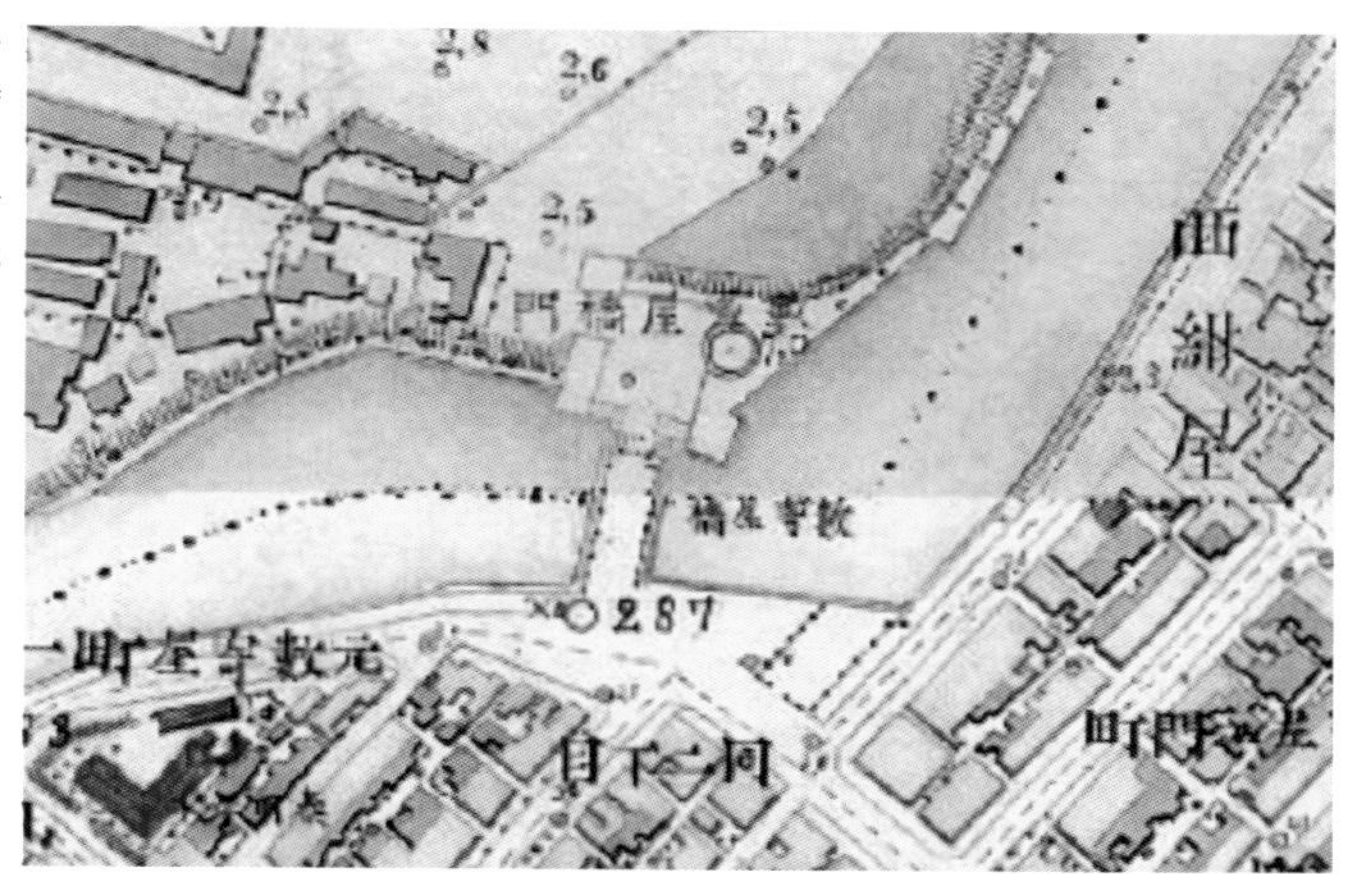

【地図1】南北に架かる数寄屋橋。江戸時代からこの向きだった(『東京時層地図 for iPad』(一財)日本地図センターより「文明開化期」)

【地図2】架かる方向が変わった(『東京時層地図 for iPad』(一財)日本地図センターより「関東地震直前」)

数　寄　屋　橋

【写真3】現役時代の数寄屋橋全貌。『橋梁設計図集』より(国会図書館蔵)

【写真2】正しい数寄屋橋の位置。銀座ファイブが外濠川の流路

屋敷があったから、という説もある。
暗橋のものがたりを探ろうと新聞記事を集め始めた時、数寄屋橋のニュースはとびぬけて多かった。立地のせいだろうか。痕跡がなくとも、数寄屋橋には数多のものがたりが眠っている。新聞から拾えた一部を、紹介しよう。

事件の舞台となる数寄屋橋

大正9（1920）年。電車に乗り込んだ浴衣美人が「殺してくれーェ」と騒ぐので、車掌は数寄屋橋で引きずり下ろした。そうすると女性は、今度は橋から外濠川めがけて躍り込もうとするので、巡査が交番に連れて行く。医師を呼んで診察させると、「ウイスキーを強か飲み過ぎた」とのこと。要するにできあがり過ぎた酔っ払いの話だが、浴衣美人がひらひらと舞う姿が脳裏に浮かび、なんだか漫画のようだ。

昭和8（1933）年。近くにあった神道祈祷所にて詐欺賭博が開帳。病気を祈祷してもらいに来た女性が、おどろいて警察に訴えた。警官が急行し一網打尽に逮捕したが、うち1名が数寄屋橋から外濠川に飛び込み溺れんとしたところ、警官に救助された。え、祈祷所で賭博⁈銀座で？　と脳が混乱する話である。

「投げ込まれ事件」は昭和28（1953）年にこの橋で相次いだ。二千人の目撃者を前に、日本人男性が米兵から外濠川に投げ込まれ、水死してしまう。詳細は不明。そのうち、再度投げ込まれる事件が起きる。被害者はかろうじて助かるが、泥酔し記憶がない。米兵は笑いながら投げ込んでいたというから、なんとも恐ろしい。投げ込みは5回も繰り返され、数寄屋橋は「魔の新名所」と呼称される危険な場所となってしまった。常時パトロールが入ることになり、川には浮輪も用意された【写真4】。5回のうち、犯人が捕まったのは2回だけだった。

助かる話もある。大正15(1926)年、「数寄屋橋上を物憂げに徘徊する奥様風の女」が投身し、刑事がすぐさま飛び込んで助けた。夫の不実を恨んでの行動だったが、個人情報がダダ漏れなので省略。女性は、池尻から銀座まで身投げをしに来ていた。昭和22年には刑事が寮に帰る途中、橋上にコウモリとコマゲタが脱ぎ捨ててあるのを見て身投げと直感。アップアップする親子を見付け、咄嗟に板を放り込むとともに自身も飛び込み、助けた。この親子も十条からここまでやって来ての心中だった。

150ページにあるように、昭和初期以降、橋詰には交番が建てられるようになった。川があれば橋から飛び込む人が現れてしまうが、救う人もまた川べりにいる。

映画に登場する数寄屋橋

昭和27年から29年にかけて放送されたNHKのラジオドラマ『君の名は』。この作品では数寄屋橋が重要な舞台である。その『君の名は』が昭和28年、松竹で映画化されることになった。すでに超絶人気作品である。数寄屋橋での撮影は、人通りの少ない日曜早朝ロケを敢行しても、

【写真4】昭和28年12月20日発行の読売新聞より。数寄屋橋をパトロールする警官

7時にもなれば人だかり。銀座では撮影できないということになり、結局セット撮影になった。

またたく間に橋は聖地化した。観光ガイドでも「君の名はで有名な数寄屋橋」と紹介され、見に来る人は後をたたなかったようだ。

一方で、昭和29（1954）年の新聞には、数寄屋橋から川を眺めるとゴミがいっぱい漂っているという投書が載る（明治末期から外濠川は悪臭・不潔といわれている）。同年、都内で一番酷い騒音は数寄屋橋にて測定された。聖地巡礼者たちはこの橋の上に立った時、一体何を見、何を感じていたのだろう。

ちなみにこのロケの年は、前述の投げ込み事件と同じ年である。よくも悪くも、この時代の数寄屋橋には人が集い、東京一の活気に満ちていた。

数寄屋橋の娯楽と風景

数寄屋橋際には東京スケートリンクがあった。大正6（1917）年にその様子を描いた記事は、妙にきらびやか。男性が多いが女性も数十名いるようで、「白百合の精のような美しいお嬢さん方」が「白鳥の遊泳か胡蝶の戯れか」のように滑っている、という。

大正13（1924）年には、数寄屋橋公園内に東京市が建設した公開銭湯が開業した。「市設数寄屋橋仮浴場」だ。オール白木づくりで暖簾はオリーブ色、浴槽を中央に置いた大阪式の浴場で、等身大の鏡もあるというハイカラぶりだ。昭和10（1935）年、数寄屋橋際の銭湯で刀傷沙汰が起きる。犯人が斬り込んできて入浴中の男を殺し、大騒ぎであった。第二鶴の湯というから、仮浴場が進化したものだろうか。

戦後、数寄屋橋付近には露天商がいたが、昭和25（1950）年には永久締め出しとなる。しかし昭和27（1952）年、銀座の露天商約700名が、立ち退き先の三十間堀・銀座館の建築が間に合わず、銀座館ができるまでの間、数寄屋橋公園で営業許可され、開業する運びとなった。公園内が仮マーケットになり、賑やかだったことだろう。

消滅する数寄屋橋

やがて高速道路建設のため、外濠川は埋められることが決まる。昭和31（1956）年春、数寄屋橋がまもなく姿を消すことが報じられる【写真5】。高速道路のためには橋を壊すべしという意見と、伝統ある橋かつ観光名所なので残したいという地元の意見とが対立した。学識者は技術的な名橋ではないからと「残す必要はない」という結論を出した。欄干は残しておく計画だったのに、半年後、近代美を損なうという理由で撤回、記念碑を建てることになった。結局この橋が完全撤去となってしまったことは、冒頭で述べた、機能性重視デザインへの無理解と関連するように思う。

撤去が始まると、数寄屋橋の下からは実に色々なものが出てきた。昭和31（1956）年には昔の護岸石垣がゴロゴロと。翌年3月には八千年前のイノシシ

【写真5】昭和31年3月27日発行の読売新聞より。この時点では数寄屋橋を挟んで片方には水面が残り、片方は埋め立てられている状況

の化石が、8月には小判が67枚もザクザクと出てきた。不発弾も埋まっているという噂から、自衛隊と連携し工事が進められた。そして高速道路が半ば完成した頃、数寄屋橋の橋台が爆破された【写真6】。

大騒ぎの昭和28年から、わずか4年。地味なはずのこの橋は、派手なエピソードを紡ぎ続け、そして、散った。

現在残るもの

数寄屋橋公園は今もある。カケラも残されていないと書いたが、実は、公園入口にある石碑は数寄屋橋の遺材を用いて作られている【写真7】。少し離れたところに、数寄屋橋小公園もある。公園というより、碑が集まった小空間であるが。

数寄屋橋があった位置には今、新数寄屋橋が架けられている【写真8・9】。青いタイルが敷きつめられ、わたしにはそれが外濠川を示しているように思えてならない。そしてよく見ると、道路脇の壁には、数寄屋橋の古写真が陳列されている【写真10】。欄干を残せなかった、せめてもの慰めなのだろうか。これはあまりにも地味だ。しかしそれもまた数寄屋橋なのだ。地味だった数寄屋橋に舞い降りた華々しいものがたりは現在、銀座の外れの、地味な場所に眠る。

吉村

【写真6】昭和32年2月14日発行の読売新聞より。「名物数寄屋橋の二つのアーチにはガッチリと支えの木組が張られ」て取り壊しの工事が進む。「ここのコンクリ橋台（橋両端）はとてもガンコ」なのでと2回も爆破テストを行ったと記載されている

【写真8】新数寄屋橋、と書かれている。数寄屋橋撤去後の新聞では、次の数寄屋橋としてもてはやそうとしていた

【写真7】数寄屋橋公園の碑。数寄屋橋の一部を用い、昭和34年4月に建てられたもの

【写真9】意味深な青緑色のタイル

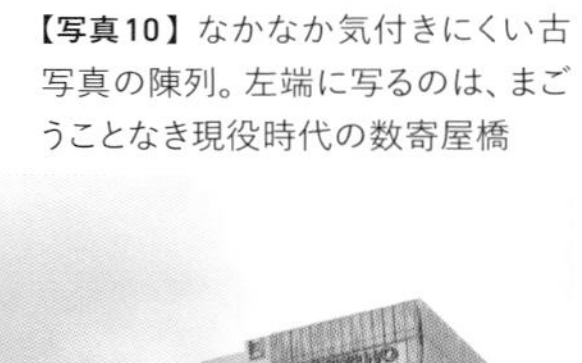

【写真10】なかなか気付きにくい古写真の陳列。左端に写るのは、まごうことなき現役時代の数寄屋橋

③ なみだ橋とは何か

『あしたのジョー』の泪橋はどこにあるのか

「泪橋（なみだ）」と聞いて、『あしたのジョー』（原作：高森朝雄　漫画：ちばてつや）を思い出す人はどのくらいいるだろう。ジョーがトレーニングをした丹下ジムは暗橋の一つ、泪橋のたもとにある【画像1】。

泪橋は、思川という小川に架けられていた橋だ。そして原作の高森朝雄（梶原一騎）氏は、まさに思川が通過する台東区橋場の生まれである。思川は音無川の下流、三ノ輪は浄閑寺脇で分流し隅田川に向かう、短く、小さな農業

【画像1】この漫画では、「泪橋を逆に渡る」というフレーズが、どん底から這い上がり栄光へ向かって努力する意味合いでもあった（©高森朝雄・ちばてつや／講談社）

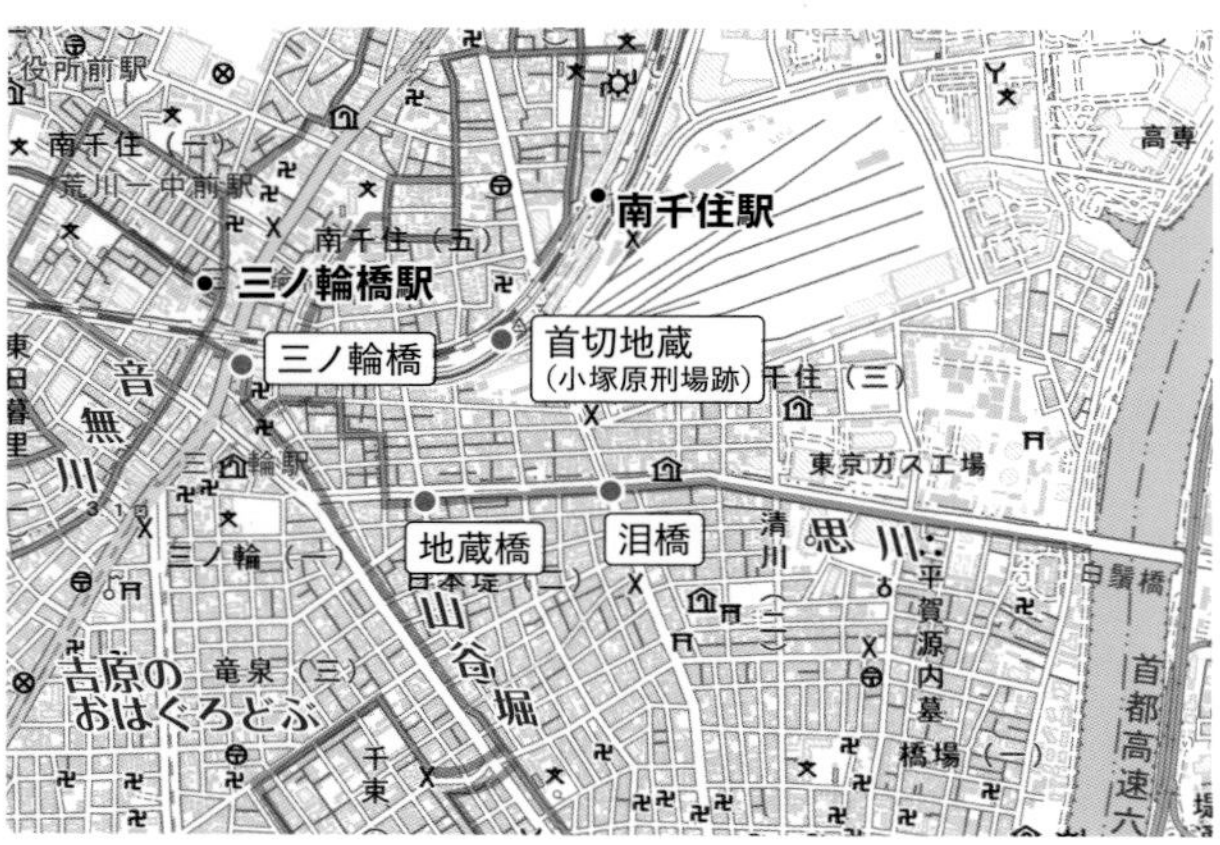

【地図1】小塚原周辺の地図

用水路だった【地図1】。源頼朝が馬を洗ったという伝承があるために、駒洗川という別称も持っている。

川のサイズ等を考えると、『あしたのジョー』で描かれるその姿は、やや疑わしい（しかも、初出は「泪橋」ではなく「風来橋」である）。わたしはひそかに、漫画で描かれる泪橋の風景は思川ではなく、同じく音無川から浅草方向に分岐する山谷堀のそれなのではないかと夢想している。なぜなら思川は関東大震災後に埋められており、昭和生まれの作者（漫画のちばてつや氏も同様）は川面を見ていないはずだからだ。さらに、連載開始の昭和43（1968）年、山谷堀はまだ開渠で存在していた（昭和50年代後半に暗渠化される）。山谷堀の写真を見ると、比較的幅広く、橋の下にもそれなりに空間がある。設定は自らの故郷の思川べりとするものの、高森氏の記憶は、もしくはちば氏が参考に見に行ったのは、山谷堀ではなかっただろうか。

答えの出ない問いはさておき。泪橋は、三ノ輪付近の思川と奥州街道とが交差する地点にある。都電22系統の停車場の名称にもなっていたから、それなりに重要な位置に架かる橋だったのだろう【写真1】。江戸時代の墨引に重なり、現代では荒川区と台東区の区境となる。しかしながらいまその場所に行ってみても、みごとに川らしさは何もない【写真2】。

【写真1】昭和37（1962）年7月1日発行の朝日新聞に載る、泪橋電停付近の風景

【写真2】泪橋交差点。現代の泪橋は、ただただ、交差点名とバス停名として人の目に触れている

さてこの泪橋の名の由来は、近くにあった小塚原刑場と深く関連する。橋の位置が刑場に最も近いため、人生の最後に渡る橋という説が優勢だ（異を唱える者もある）。「なみだ」を流すのは、そこに佇む関係者。囚人が泣きながらこの橋を渡る、あるいはその知人がこの橋で別れを惜しんで涙を流す。一つ上流にあるのは地蔵橋であり、その地蔵とは「首切り地蔵」のこと。…実に壮絶な橋名たちである。

思川流域は、今でこそ端正にビルと家と道路が並ぶ住宅街であるが、明治時代の地図を見ると奥州街道沿い以外はひたすら田、そして沼地であった。思川は、江戸時代以前からこの地の田んぼに水を供給する役割を果たしてきたのだ。ところが明治末期から大正にかけて急激にこの地が都市化し、不要となった。小塚原刑場も、その上に土浦線、現在の常磐線が計画され、鉄道用地に姿を変えた。ここで実際に涙を流した人が何人いたかはわからない。わからないが、どれだけ多くの人生やものがたりを、この橋は背負っていたことだろう。あまりにも重く特殊な橋・泪橋は、農村が都市に変貌する過程で、実にあっさりと失われた。

なみだ橋あれこれ

江戸時代、小塚原刑場以外にも処刑場は存在した。鈴ヶ森刑場である。小塚原が北の外れなら、鈴ヶ森は南の外れ。そ

【地図2】鈴ヶ森周辺の地図

して鈴ヶ森刑場の最寄りの橋も、やはり涙橋だった。理由は小塚原と同じである。架かる先は立会川。立会川は途中までは暗渠だが下流が開渠になっていて、涙橋のところは（本書的には）残念なことに開渠だ。こちらの涙橋は通称とされ、浜川橋と呼ばれているが、架け替えの報が明治時代の新聞に載った際は涙橋と書かれていた【地図2】。

『御府内備考』には、涙橋は〝新橋の一つ西〟とある。つまり銀座にも涙橋があって、それは汐留川に架かる難波橋のことを指していた。この橋も、鈴ヶ森刑場へ向かう罪人が渡ることが由来となっている。鈴ヶ森とはだいぶ距離があるが、江戸の辺縁をどう認識するかということを考えさせられ、ある意味興味深いなみだ橋だ。

本郷にもなみだ橋がある。本郷通りを歩いていると、説明板に出会う。江戸幕府の刑場ではなく、太田道灌の領地の内外の境目であり、「悪事をはたらいた者が領地境のここを渡って領外追放された」という【地図3】。架かる先は東大下水という小流

【地図3】本郷の地図

【写真3】本郷三丁目のなみだ橋の説明板付近。ガードレールと道路がたわむ、緩やかな谷の底を細流が流れ、橋が架かっていた

で、前田家の屋敷内で湧き、菊坂通りをつたって小石川方面に流れるものだ。ここも境界性の強い場所のようだが、現地ではどうもわかりにくい。ただ、東大下水の作った淡い谷地形はアスファルト越しにも感じることができ、なみだ橋の位置もイメージできる【写真3】。橋の南側が見送り坂、北側が見返り坂とされ、「別れの橋」という名も有している。

大宮にもある。大宮駅から比較的近いところの、中山道を横切る溝の上に涙橋は架けられていた【地図4】。

【写真4】大宮の涙橋遺構。上に乗るのは説明用の石造物で、下が橋の一部である。通りから脇に入った場所に、さりげなく置いてある

こちらは元々「中の橋」という名が付いていた（ちなみに銀座の涙橋も別名中之橋である）が、やはり付近に高台橋刑場があり、親類縁者が別れを悲しんで涙を流したからと涙橋になった。小塚原にも本郷にも遺構はなかったが、ここには橋跡が残されている。昭和42（1967）年に第四銀行大宮支店建設の

【地図4】昭和10年発行の新大宮市街全図より該当部分を抜粋。黒太線で描かれるのが水路であり、中山道と交差するところに涙橋があった

際に発掘された橋桁の枠石が、唐突に転がっている。どうしてこうなった…と思わせられる、不思議な展示のされ方ではあるが、遺構があることは貴重だ**【写真4】**。

ここまで紹介してきたなみだ橋は一つを除き、暗渠に架かる橋であった。そして今生の別れと関係のある橋だった。他にもさまざまな地域になみだ橋は存在している。江戸時代の刑場跡があれば、近くにある可能性は高いだろう。

異色のなみだ橋

刑場のない、板橋宿にもなみだ橋がある。中山道と中用水の交わる位置に架橋されていた**【地図5】**。ここで流された涙は、ある一つの家族のものだ。江戸は元禄の頃、富士山の登山口を切り開くために命を賭したい伊藤身禄なる男が、家族を振り切って富士山に向かう。ところが妻子が追いかけてきてしまった

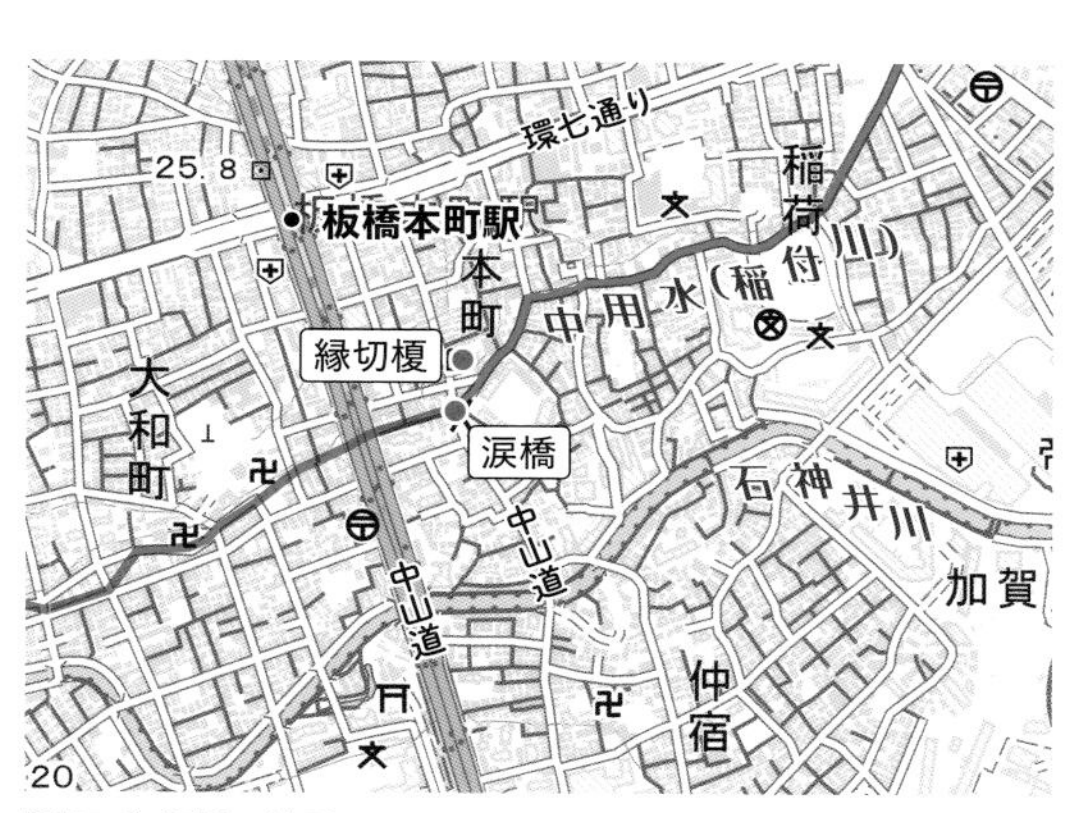

【地図5】板橋の地図

【写真5】板橋宿の涙橋が架かっていた位置。横断歩道の手前が中用水跡であり、その上に橋があった。背後に縁切榎がある

ため、大きな榎の木陰になっていた橋の欄干に座らせ、最後の会話をしたという。朱引のわずか手前にある橋であり、やはり江戸の出口といえる場所だ。現在、涙橋は何の痕跡もないが【写真5】、榎の木は縁切榎として有名になり、狭いスペースながら参拝客が絶えない。

横浜市、山手等から流れ出し本牧で海に注ぐ千代崎川という暗渠にも、涙橋が架かっていた【地図6】。この涙橋は、これまで紹介してきたものとは一線を画す。なぜなら、泣いているのが人ではなく、「牛」なのだ。

本牧の海沿いに屠牛場があった時代がある。江戸時代末期、横浜に住む外国人のための牛の処理場が居留地内におさまらなくなり、移転してきたものだ。施設は千代崎川の旧流路に沿うように建っており、橋が一つ、架かっている【写真6】。それが涙橋である。連れてこられた牛がここで殺されることを察知し、渡る時に涙を流したのが由来なのだそうだ。最初に『本牧・北方・根岸』(長沢博幸著)でこの記述を見付けた時は、なんだかおかしくなって、笑ってしまった。ところがここは横浜。洒落で名付けるのが好きな江戸っ子の伝承ではなく、米国の敷地から流れ出す千代崎川の

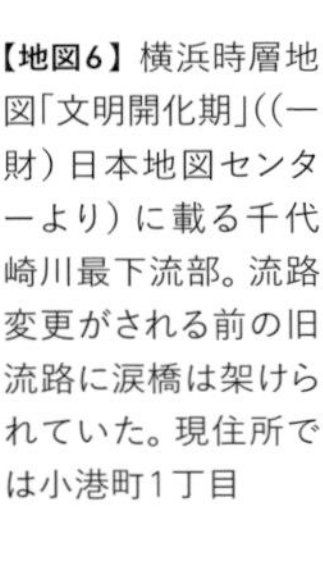

【地図6】横浜時層地図「文明開化期」((一財)日本地図センターより)に載る千代崎川最下流部。流路変更がされる前の旧流路に涙橋は架けられていた。現住所では小港町1丁目

流域に住むハマっ子の話なのだ。前掲書の著者、長沢博幸氏に説について確認したところ、長沢氏は大まじめだった。流域の人たちが本当にそのように伝え聞いて涙橋と呼んでいたこと、そして、現代の食肉処理場でも牛は死期を察知すると涙を流すらしいことを教えてくれた。もしかしたら、ハマっ子たちは本当に牛の涙を見たのかもしれない。

…むろん、紹介してきた全てのなみだ橋が、そこで涙を流した人の目撃談を持たない。本当に誰かが泣いたのか、今となってはわからないが、元々境界性を有する「橋」の中でもとりわけ強い境界をまたぐのが〝なみだ橋〟。この橋を渡る多くの人は、なみなみならぬ決意や、時には走馬灯のような人生の記憶を、思い巡らせながら橋板を踏みしめていたことだろう。

吉村

【写真6】牛の処理場が写っているが、その右側の矢印部分にあるのが涙橋。写真手前に見える流れは千代崎川である。（『THE FAR EAST』1870年12月16日号より）

④ 橋の保存と願い

暗橋の保存の背景

考えてみれば暗橋とは、川は失われたのに存在するという、不思議なものだ。川が埋められたなら、橋も撤去されるのが筋ではないか。橋だけは残そうという、明確な意思がそこにある。その意思とは、誰の、どのようなものなのだろうか。

遺構としての価値がなければ、橋とて処分される。残念なことに昭和の遺構は新しいとみなされ、価値がないと判断されやすい。例えば昭和48（1973）年、世田谷区の北沢川や烏山川、蛇崩（じゃくずれ）川等の暗渠化が一気に進み、75橋が撤去となった。住民から橋を残して欲しいという希望が多数出たものの、文化財ではないので残すことは難しいと区は回答している。破棄となれば、地元民が引き取ることも可能となる。松竹橋の事例（P64）のように、そこでドラマが生まれることもある。

橋を残そうとした人々

足立区と葛飾区の境にある古隅田川暗渠を歩いている時、あまりに素敵な路上園芸を育んでいる方がいたので、思わずお話をうかがった【写真1】。その方は古隅田川の開渠時代の記憶のほか、橋の銘板を保管しようとした話を教えてくださった。橋の名は**地蔵橋**。聞けば、越してきた昭和36（1961）年に家の前の地蔵橋が板橋からコンクリート橋に架け替えられたというから、コンクリート製の地蔵橋にご自身の歩みを重ねる部分もあったのかもしれない。古隅田川が暗渠化される時、撤去される地蔵橋の銘板を残したいと思い、取っておいたのだそうだ。しかしそこからが、どうも混沌とする。子育地蔵のところに確かに置いたのに、なくなっちゃったんだよなァ、と。当時から30年は経っている。しかしお話を聴くにつけ、なんだか探せば出てくるような気がしてしまい、思わず近所を探し回った。当然のことながら、見付けることはできなかった。

このように川や橋に対する愛着ゆえか、近隣住民が暗橋を自力で保管しようとする例がある。たとえば板橋区、前谷津川の**鶴ヶ橋**（赤塚6−30）は、『郷土　板橋の橋』で橋桁が民家に残されているのを見、訪ねていったところ健在だった。その後改築されたが、現在も御宅の片隅に眠っている。同じく前谷津川の**亀ヶ橋**（赤塚6−28）は、やはり近所の方が保管していたが、わたしが訪れた際には所有者は亡くなり、親

【写真1】古隅田川暗渠にて。地蔵橋付近（足立区中川3-1）

族もお住まいではなかった。そうなるともう、橋の行方もわからない。

橋を守りたい人々の動きが、自治体に影響を与えることもある。渋谷区、和泉川（神田川支流）が山手通りを越えるところに**清水橋**が架かっていたが、10年ほど前、清水橋欄干は見るも無惨な状態で**【写真2】**、いつ廃棄されるかとハラハラしていた。その後緑道に飾られた**【写真3】**ので、その経緯を探ったところ、地元の方々の意思が介在していることがわかった。付近の町会や近隣住民から「清水橋を残してほしい」、「昔、川で子どもたちが遊んでいた」という話があったので、これらの意見を踏まえ、旧欄干は保存され、新たな欄干モニュメントには川で遊ぶ子どもたちの姿を描いたという**【写真4】**。

【写真2】山手通り脇に放置されていた頃の清水橋。近くで湧く清水にちなんだ名称で、幅の広い橋だったという

【写真3】無事、和泉川の暗渠上に飾られるようになった清水橋（渋谷区本町3-11）。緑生い茂る季節ゆえ隠れてしまっているが、植栽に守られている

【写真4】清水橋のあった場所には「子どもが遊ぶ姿」を描いた新しいモニュメントが。そしてまた橋名が駅になってもいる（「西新宿五丁目（清水橋）」）

【写真5】桃園橋が架けられていた頃（中野区中央5-49）。昭和10年製の立派な石橋で、それ以前も御成橋として著名であった

【写真6】2021年、桃園橋に工事が入ってからというもの、気になって頻繁に見に行った。ある日、スパッと撤去されていた

中野区、桃園川に架かっていた**桃園橋**は令和3年に工事が入った際、根こそぎ取り去られてしまった【写真5・6】。今後桃園橋がどうなるのか、問い合わせたものの回答は未だ得られていない。

寺社に架かっていた橋

暗渠沿い以外で暗橋が保存されやすい場所は、寺や神社である。寺社の入口に橋があるケースは多い。現在川がなくても、かつては流れがあり、寺社という聖域への境界となる。なかでも特徴的なケースを、いくつか紹介しよう。

墨田区の吾嬬神社の前には北十間川が流れるが、中に入ると微妙な位置に石橋が出現する【写真7】。これはかつてあった池と池をつなぐ水路に架けてあった橋がそのまま残されている、というもの。池があった時代の写真を見ると合点がいく【写真8】。

台東区、下谷の三島神社の暗橋は、言われなければ気付けまい【写真9】。元々神社の横に架けら

【写真7】吾嬬神社内部に架かる石橋（墨田区立花1-1）。やや不思議な位置である

【写真8】明治40年、吾嬬神社に蓮池が広がっていた。同じ橋が同じ位置にあることがわかるだろうか（『墨田の今昔』より）

【写真9】三島神社（台東区下谷3-7）の入口に残される橋跡

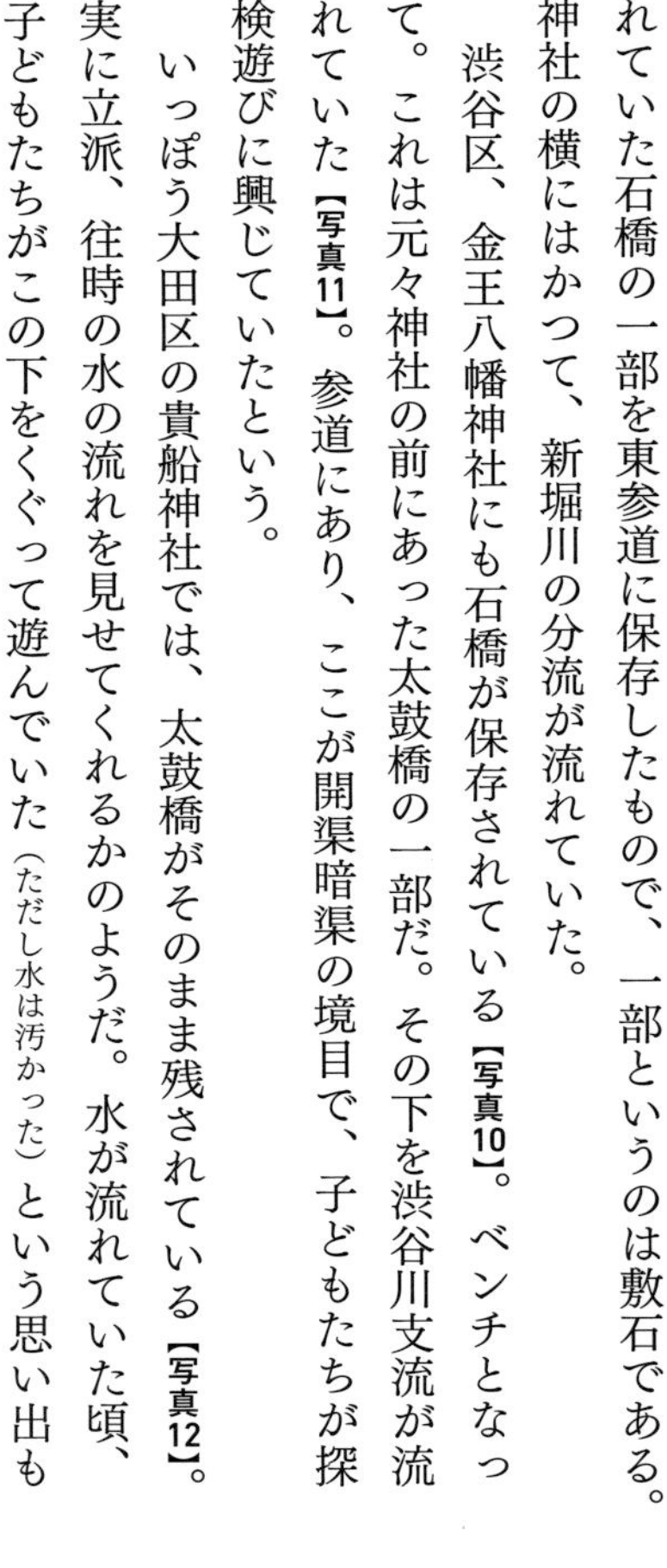

れていた石橋の一部を東参道に保存したもので、一部というのは敷石である。神社の横にはかつて、新堀川の分流が流れていた。

渋谷区、金王八幡神社にも石橋が保存されている【写真10】。ベンチとなって。これは元々神社の前にあった太鼓橋の一部だ。その下を渋谷川支流が流れていた【写真11】。参道にあり、ここが開渠暗渠の境目で、子どもたちが探検遊びに興じていたという。

いっぽう大田区の貴船神社では、太鼓橋がそのまま残されている【写真12】。実に立派、往時の水の流れを見せてくれるかのようだ。水が流れていた頃、子どもたちがこの下をくぐって遊んでいた（ただし水は汚かった）という思い出も

【写真10】金王八幡神社の太鼓橋がリサイクルされた姿（渋谷区渋谷3-5）。この他にも隠れているので探すと楽しい

【写真11】昭和21年代末の金王八幡神社にあった石造の太鼓橋（白根記念渋谷区郷土博物館・文学館所蔵）。写真10の元の姿である

【写真12】貴船神社に残る太鼓橋（大森東3-9-19）。明治33年製、「六郷石工／竹内六之助」と石工銘が残る。製造日および製造者は狛犬と一緒。

【写真13】水窪川、今宮神社前に架かる今宮橋（文京区音羽1-4）。地面と一体化した橋桁

【写真14】護国寺から流れ出す水窪川支流に架けられていた橋（文京区大塚5-40）。護国寺境内に保存され、富士塚への入口となっている

残る。

23区のページに記載した日曜寺、智清寺、慈眼寺のほか、水窪川の今宮神社【写真13】や護国寺【写真14】など、挙げればキリがない。このように、寺社ではかつてあった橋を独自に、さまざまな形で残してくれている。

外から持ってこられた橋

寺社にある暗橋のうち、実は少し離れた川にあったものを移設した、というケースが時折見られる。こちらは住民の強い意志が垣間見え、より興味深い。

二子玉川の法徳寺には、庭に橋が保管されている【写真15】。『六郷用水聞き書き』によれば、これは千鳥2丁目の六郷用水南堀に架かる**新田橋**の橋桁だ。新田橋は大谷石を積み上げた上に小松石を7本並べるという構造だった。橋を解体する時に石を目の前に住む方が譲り受け、自宅で保管していた。そして菩提寺である二子玉川の法徳寺に小松石を二本寄贈した。周辺ではそこだけが石橋だったため、特に尊重されたのかもしれない。

港区、十番稲荷神社には**網代橋**の石柱が保存されている【写真16】。六本木ヒルズあたりやがま池などから流れてくる渋谷川支流（吉野川）が網代通りと麻布十番大通りの交差点を通過するところに網代橋は架けられていた。たび

【写真15】法徳寺に置かれている新田橋橋桁（世田谷区瀬田1-7）。個人がここまで運ぶ労力に、橋を残したいという強い願いを感じる

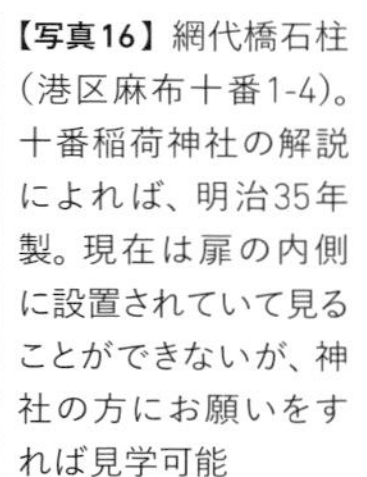

【写真16】網代橋石柱（港区麻布十番1-4）。十番稲荷神社の解説によれば、明治35年製。現在は扉の内側に設置されていて見ることができないが、神社の方にお願いをすれば見学可能

たび溢水し、昭和3（1928）年に暗渠化されたが、その時の氏子さんたちがここに橋を持ってきたという。

板橋区、子易神社には**田楽橋**が保存されている**【写真17・18】**。金王八幡神社と似た、ベンチタイプだ。金王八幡神社と違うのは、この橋は子易神社から離れた、谷端川にあったという点だ。しかも下板橋駅付近というから、500m以上ある。神社の方に話を伺ったところ、この田楽橋は、撤去されることになった時、氏子さんたちが大八車に積んで持ってきたものだという。どう見ても大八車に気軽に載るサイズではないし、重さも尋常ではないはずだ。「昔の人は、工夫がすごいよねえ」と笑いながら神社の方が言うには、このビッグサイズの石橋は、大勢の氏子さんが力を合わせ、梃子を利用して境内に降ろされた。暫くの間、神社中央の手水のあたりに置かれていたが、倉庫を作る時にクレーン車にお願いして現在地に移動してもらい、ベンチにしたのだという。

同じく板橋区の菅原神社には**堰下橋**（旧白子川）の橋桁が二本横たわっている**【写真19】**。こちらも神社の方に尋ねてみたが、橋が運ばれてきた当時の様子はわからなかった。先の田楽橋よりもさらに大きな石の橋桁であり、加えて、ずっと険しい高低差である。ここに持ってくるのは、気の遠くなるような作業だったのではないだろうか。

杉並区の和泉熊野神社の**道角橋**、大田区の出世稲荷神社の**牛洗戸橋**、北

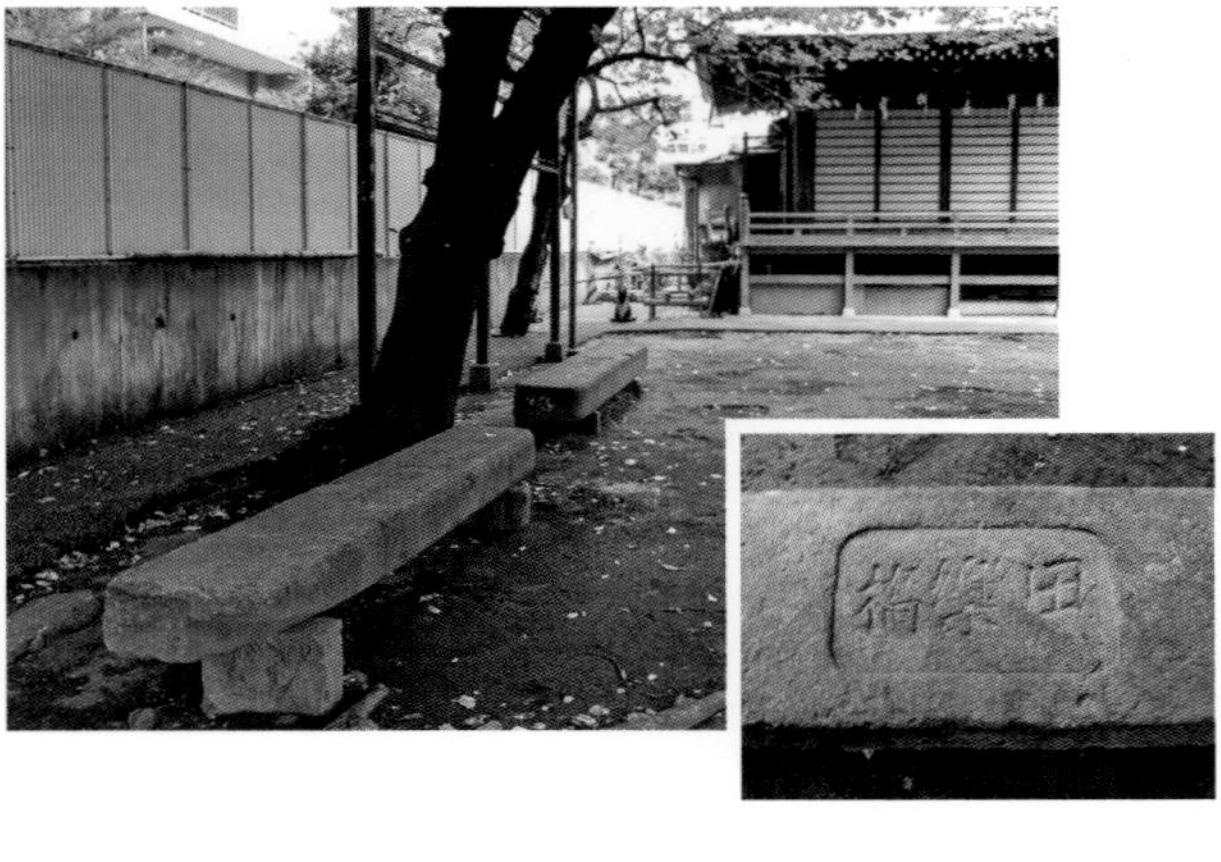

【写真17・18】田楽橋橋桁（板橋区板橋2-19）。明治43年竣成の石橋。昭和8～9年の河川改修まで使用されていたというから、氏子さんが運んできたのはそのあたりの時期だろう。なお、田楽橋とは屈曲する谷端川と用水路が合わさるところで、橋が田楽豆腐のように見えたからという説、田の神に関連し歌舞を行ったからという説などがある

区の田端八幡神社の**谷田橋**【写真20】、八雲神社の**仙臺橋**【写真21】なども移設の経緯について探ってみたが、よくわからなかった。

丘の上の寺社で暗橋が見られることは、川筋を外れても暗渠に触れられる嬉しいひとときであるが、そうまでして残したいという熱い想いに支えられてここにあることを、おそらく忘れてはいけない。人々の願いに応じて寺社に保存された暗橋たち。保存の経緯に着目すると、昭和から令和にかけての、暗渠化後の川への人々の想いが見えてくる。暗橋は、その機能を変え、時には場所も変えつつ、思い思いの使われ方をしている。そのような今を生きる人々の思惑をも重ね、より立体的に私たちは暗渠を眺めることができる。これは開渠の橋には成し得ない見方であるだろう。

吉村

【写真19】堰下橋橋桁（板橋区成増5-3）。元々は境内右手におかれ、お祭りの時のベンチがわりになっていたが、8年ほど前に改修した際、現在地に移動した

【写真20】谷田橋は北区田端2-1で谷田川に架かっていたが、田端八幡神社（田端2-7）参道に移された。神社の方も経緯は知らないとのこと。谷田橋交差点をはじめ、付近に名を残す

【写真21】仙臺橋橋桁。石神井川上郷七ヶ村用水に架けられていたが、八雲神社（北区岩淵町22-21）に移設。宮司さんの代替わりにより詳細不明に

コラム2

暗橋スイーツ

この日は暑かったので、フルーツクリームあんみつを食べた。
ゴージャスな「三橋」に、負けず劣らずのこのビジュアル

暗橋をかたどったスイーツ……ではなく、まさに「暗橋スイーツ店」と呼ぶにふさわしい店が上野にある。喫茶室だけでも都内に7店舗、船橋に1店舗展開する有名あんみつ店、「みはし」だ。

この店舗の名前は、不忍池から流れ出す「忍川」なる暗渠に架けられていた「三橋」からきている【図1】。みはし本店の創業は意外にも昭和に入ってからで、昭和23年3月のこと。厳密にいえば、当初の命名は本店が建てられた町の名「三橋町」からであった。その町名の由来こそが暗橋の三橋であり、現在の「みはし」の店舗紹介には、三橋の描かれる錦絵がかならずともにある。

暗橋としての三橋は、もはや交差点名などの「エア」ですら存在

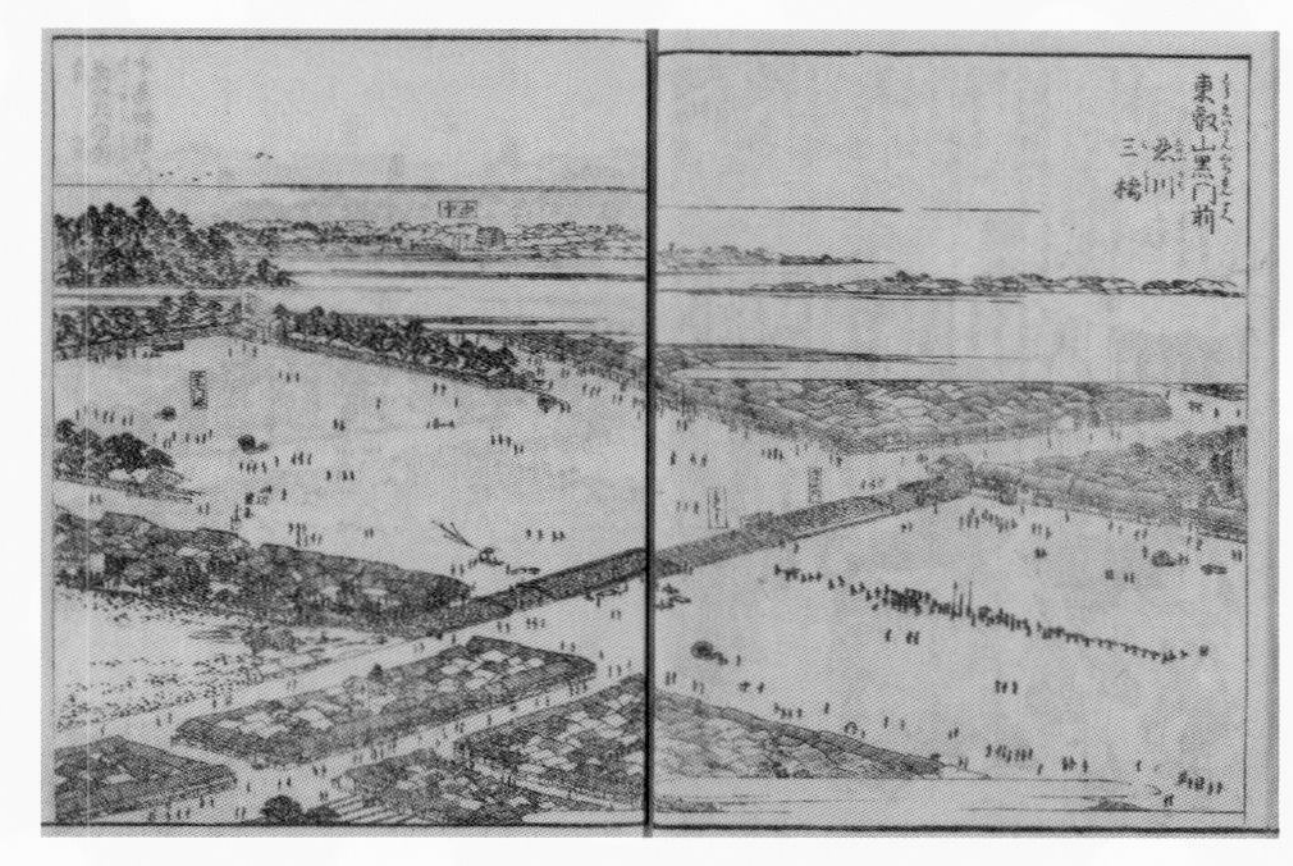

【図1】江戸名所図会に載る三橋。上野、寛永寺の近くとあって将軍が通る御成橋でもある。御成橋は3本のうち中央の橋であり、ちょうどこの絵でも大名行列が通過しようとしている

店舗を出、三橋の架かっていた方向を見る。このあたりを忍川が横切り、三つの橋を人が渡り……と、妄想は尽きない

みはし本店の暖簾。なんだか、3本の橋を連想するべく作られているように見える

せず、痕跡が何もない。いっぽう現役時代の三橋の姿は、かなり特徴的だ。忍川に3本の橋が架けられ、3本まとめて三橋というのである。このレアな橋の姿を後世にも語り継ぐ、数少ない存在がこのあんみつ処「みはし」というわけだ。

さて。橋の説明はここまでにして、そろそろみはしのあんみつをいただきましょう。実はわたくし、この求肥が大好物でして。みはしさん、あんこの素材・製造にも力を入れてらっしゃいますが、求肥も毎日の気候に合わせて微調整しているそうで。冷たいソフトクリームと、柔らかなあんこを交互にフルーツに付けたり、求肥を大切に口に運んだり……ああ、美味し……!!

吉村

2章 データから見る暗橋の名前

橋には、たいてい名前がある。もちろん暗橋にだって。
今も水のない水辺に佇む暗橋や、すでに姿さえ失くしてしまった暗橋たちの名前を
できるだけたくさん集めてみたら、何かが見えてくるかもしれない。
さあ、23区内2000を越える、暗橋の名前データの海にダイブしよう。

① 橋の名は、こんなふうにできている

暗橋には、きっとゲニウス・ロキが詰まっている

ざっと地図を目視したりwebを検索するなどして、東京23区の主な開渠に架かる橋を数えてみる。非常にざっくりだが、だいたい多摩川で20本弱、呑川・目黒川・古川（渋谷川）で約180本、神田川・善福寺川・妙正寺川で約250本、隅田川・石神井川・新河岸川で220本、荒川・中川・綾瀬川で110本、竪川・小名木川・北十間川などで60本、江戸川で約20本、これで合計が約860本。まあこの他の小河川開渠に架かる橋を含めたとしても、せいぜい1500本前後なのではないだろうか（髙山調べ）。

では暗橋の数はどうだろう。区ごとに、一定程度まとまった数のリストを探してみたが、私が確認できたのは、中央区、品川区、世田谷区、渋谷区、杉並区、中野区の一部、豊島区と文京区の一部、荒川区、板橋区、葛飾区、江戸川区の12区だけで、23区の半分程度しか集めることができなかった。

しかしそれでもこれら暗橋の合計は2623本。23区全ての暗橋データが揃ったら、その数はいったいどれほどになることだろう。この時点ですでに、23区内には今見えている開渠の橋の他にももっともっと夥しい数の橋があった、ということはいえそうだ。

それらの多くは大きな川に架かる大きな橋ではなかっただろう。細くうねる畔に渡された小橋であったり、住宅の脇に架けられた生活道路の一部であったり、また向こう三軒両隣で仲よく使うコミュニティスペースであったりと、人々の暮らしに密着した存在だったに違いない。だからこそ暗橋には、川と住民とが何年もかけて紡ぎだしてきた、その場所ならではの何かが込められているのではないだろうか。

そのほとんどが消滅してしまった暗橋だが、こうして2623本の「名前」だけはしっかりと残っている。わずかな手掛かりに過ぎないが、この暗橋の「名前」を頼りに暗橋とかつての人々の暮らしに思いをはせてみることにしよう。

橋の名は、「ロケーション」と「プロジェクション」でできている

さてこの2623の暗橋の名前データだが、まずはそれぞれの橋の名を作る要素に着目して

みた。橋名を分解して、要素を抽出する。そしてその後はそれら要素を改めて体系化してみる、言いかえると、橋名の脱構築を行い、そこから秩序や法則を見付けていくという作業を行った【図1】。

その結果わかったことは、まず最も大括りな視点でいえば、「暗橋の名前は『**ロケーション**』と『**プロジェクション**』からできている」ということだ。これはおそらく暗橋だけでなく開渠に架かる橋一般にもいえることであろう。

「ロケーション」とはすなわち座標のことだ。空間・時間含めて、「どこどこに存在しているよ」というメッセージとしての橋名のことである。ロケーション橋名は、その名を言う・聞くだけでおおよその位置が(少なくとも近隣住民の間では)わかるようになっている。いわば橋の存在がメディアとなって、位置情報を発信する標識のような機能を果たしているのである。

もう一方の「プロジェクション」とは、橋に何らかの思いや意図を投影することを指す。「ロケーション」が「橋を起点に外に向けられた」名前であるのに対し、

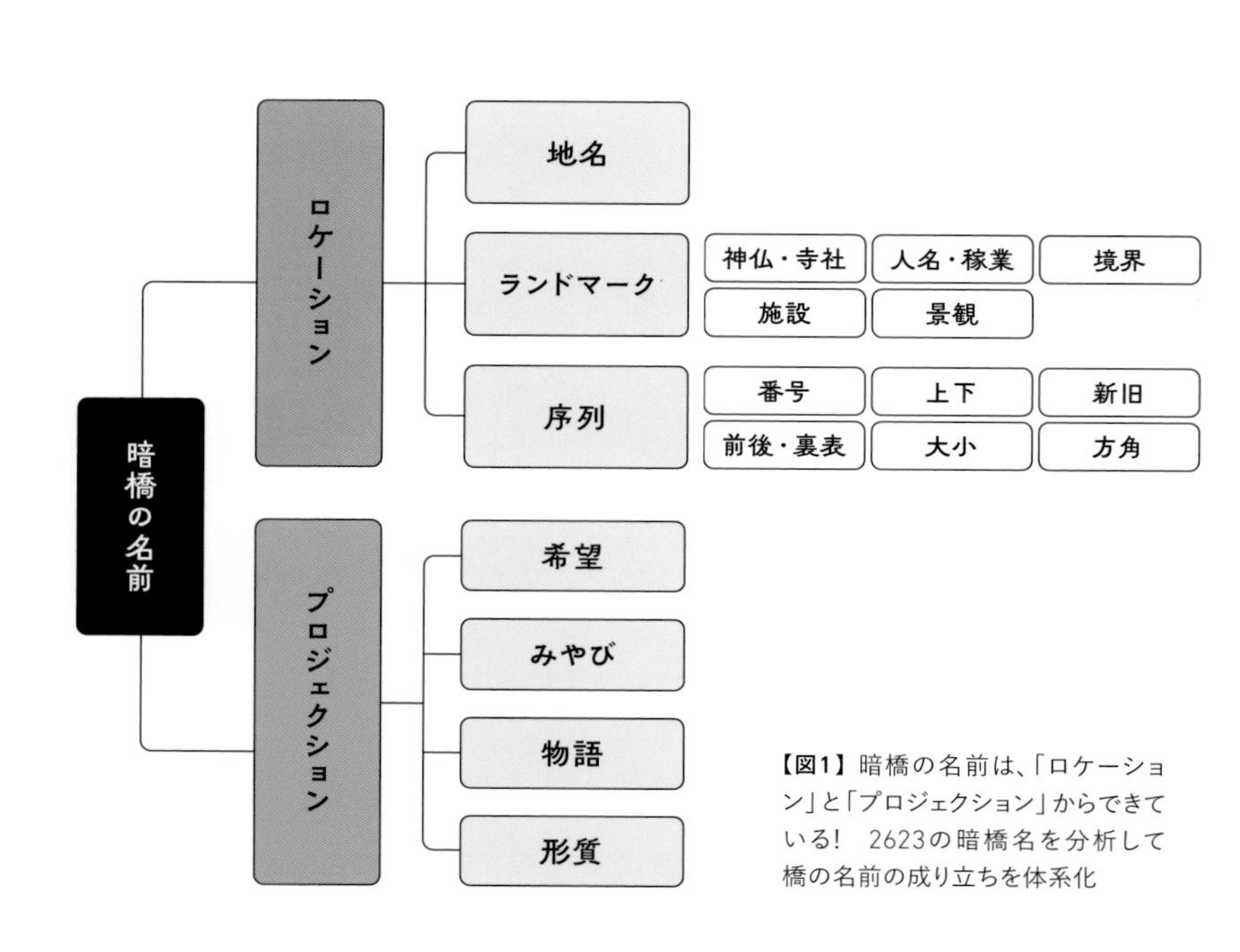

【図1】暗橋の名前は、「ロケーション」と「プロジェクション」からできている! 2623の暗橋名を分析して橋の名前の成り立ちを体系化

こちらは橋を何かに例える、橋に何かを託すといった、「橋自体に向けられた」名前である。

こう考えると、橋の名前という「情報」にも、大きく二つのベクトルがあることがわかり興味深い。

おおよそほとんどの橋は、この「ロケーション」または「プロジェクション」のどちらか、またはミックスで付けられているといえそうである。次の項ではこれをもう少し分解した上で、具体例とともにみていこう。

「ロケーション」が示すいろいろな座標

まずは「ロケーション」だ。これは大きく「地名」「ランドマーク」「序列」に分解できる。

「地名」とは、**中丸橋**（豊島区：中丸村という村名から）など、その地の村名などから付けられたもの。特に暗橋では、広域な地名でなく小字など狭域地名が使われることが多い。また、**中霞橋**（渋谷区：小字「中」村＋「霞」丘町から）のように橋の両側の地名を取ったものもここに分類する。全て正確な由来が把握できているわけではないが、少なくとも地名からと思われる暗橋名は400本以上と一大クラスターを形成しており、橋名としてはかなり王道であると見込まれる。

「ランドマーク」とは近くにある目印的なものを含む橋名である。**駒繋橋**（世田谷区：駒繋神社から）など、各地で見られる**○○寺橋**、**弁天橋**、**天神橋**、**庚申橋**など近くの神仏・寺社にちなむもの【写真1】、**母子橋**（おやこ）（葛飾区：母子寮に隣接するから）や**学校橋**、**役場橋**など近隣施設にちなむもの、**権八橋・三次郎橋**（ともに葛飾区：近所の人名から）【写真2】、**飴屋橋**（渋谷区：近くに飴屋があったことから）、**鍛冶橋**

（鍛冶職人が多くいたことから）など人名や稼業からとったもの、**欅橋**（渋谷区：傍らに欅があったことから）・**藤橋**（豊島区：近くに藤の木が多く生えていたことから）、**大曲橋**（葛飾区：傍を通る街道が大きく湾曲していることから）、**大道橋**（だいどう）（葛飾区：地区で一番広い道路に設けられたことから）**【写真3】**などその場の景観によるものにさらに分類できる。また、目に見えないが、川が作る重要なランドマークである「境界」をそのまま橋名にすることも多く、**境橋**、**堺橋**などの名は各地で非常に多く採用されている。

最後は「序列」だ。これは他の名前とくっついて、順番や時間含めた位置関係を示すパーツである。**阿佐ヶ谷第一橋**・**阿佐ヶ谷第二橋**（杉並区）などの番号、各地にある**宮前橋**（神社の前の意）や**裏柳橋**（文京区：柳町の裏にあったことから）などの前後・表裏、**上堤根橋**・**下堤根橋**（江戸川区）といった上下、**新小袋橋**（板橋区）**【写真4】**などの新旧、そし

【写真1】渋谷区本町を流れる和泉川（神田川支流）に架かる弁天橋。もちろん由来は近くにあった弁天様（市寸島神社）から

【写真2】古川親水公園のはしっこに残る藤五郎橋の親柱。由来ははっきりしないが、おそらく近所の方の名前からであろう

【写真3】新堀川（東井堀）が奥戸街道を越えるところに架かっていた大道橋。親柱だけでなく欄干の支柱も2本残っている

【写真4】出井川と中山道の交差する場所に架かる新小袋橋。形の残る暗橋でオール鉄枠製のものはけっこうレア

て**南新富橋**（中央区）など東西南北や干支などで方角を表すものもある。また、他の名前とくっつかずに序列単独で、**一之橋・二之橋**（世田谷区）、**東橋**（各所）、**中之橋**（各所）、**巽橋**（葛飾区）などという橋名も多く存在している。

「プロジェクション」に込められた思い

もう一方の「プロジェクション」について説明しよう。これはさらに「希望」「みやび」「物語」「形質」と四つに分解できる。

「希望」とは、橋に託す人々の思いのことだ。世の中をあるいはこのエリアをこうしたい、という希望を橋に込めたもので、**協和橋**（葛飾区：隣接地域と仲よくという願いから）、や、各地にある**栄橋**、**相生橋**、**八千代橋**【写真5】、**寿橋**などがこれにあたるだろう。

「みやび」とは、その橋での体験価値や橋の様子を、みやびやかに橋名に変換したものだ。**富士見橋**（各所：富士山が見えるから）【写真6】や、正確な由来は不明だが**玉橋**（世田谷区）、**さざれ橋**（板橋区）、**蛍橋**（葛飾区）、**清香橋**（葛飾区）、**春風橋**（江戸川区）などといった橋名もこの類なのではないかと推測できる。

「物語」は、その橋にまつわる出来事を橋名に刻んだものである。**猫貍**（**又・股**）**橋**（文京区：猫貍という妖怪が現れた言い伝えから）のように伝説めいた物語もあれば、**六貫橋**（葛飾区：橋を作る費用に六貫の重さの一文銭を要したから）【写真7】という現

【写真5】渋谷川に架かっていた八千代橋跡。路面に残る「消火用吸水口」は、橋の上から川の水を吸い上げる穴で、それこそがわずかな痕跡

【写真6】目黒区の立会川に架かる暗橋、富士見橋。付近には月見橋、雪見橋となんとも風流な橋名が並ぶ

実的なストーリーなど、さまざまな物語が橋名に投影されている。

最後の「形質」は、橋そのもの、または橋のある場所の状態を名前としたものだ。「ロケーション」での「ランドマーク」と似ているが、こちらは座標を特定するほどでもなく、むしろ橋の特徴に対する愛称のように付けられた橋名である。その例としては、**三俣橋**（渋谷区：三叉路に架かっていたことから）、**圦脇橋**（いりわきばし）（葛飾区：圦（水門）の脇にあったことから）といった橋の周囲の様子を表すもの、**乱杭橋**（らんぐいばし）（葛飾区：水害防止のために杭を何本も打ったことから）など橋の状態を示すもの、**金井橋**（葛飾区：鉄橋＝かねでできた橋、が訛って）など素材にちなむもの、**南ドンドン橋**（渋谷区：その場の勢いよい水音から）【写真8】のように、発する音に由来するものなどが挙げられる。

名前における暗橋らしさとは

先に「暗橋の名前は『ロケーション』と『プロジェクション』からできている」と述べたが、これは何も暗橋だけにいえることではなく、開渠に架かる橋にも当てはまることだ。しかし、暗橋の名前を眺めていくと、その中でもこれは暗橋ならではと思われる特徴も見えてきた。

代表的なものの一つは、「ロケーション」の「序列」だ。番号が付けられている橋名で、例えば**沓掛十二橋**、**柴又二十八号橋**【写真9】など、地名の後

【写真7】今は跡形もない葛飾区小岩用水に架かる六貫橋、昭和63（1988）年の姿（葛飾区郷土と天文の博物館所蔵）

【写真8】京王線笹塚駅そばに残る南ドンドン橋。どんどんという音と、「南」という座標を組み合わせた橋名だ

に大きな番号を刻んでいるものが見られる。中には**小合五十号橋**といったものまであるほどだ。つまりこれは、特定エリアに橋が密集していたことを物語るもので、それだけあちこちに川や水路が存在していたことを示している。

また、「ロケーション」の「ランドマーク」の中の人名由来の橋名や、「プロジェクション」の「物語」橋名にも注目したい。人名で挙げられるものは、五郎兵衛、源十郎、長十郎、茂吉、良之助、伝助などなど。こういっては失礼だが、昔であればどこにでもいそうな人物名が橋名となっているのである。物語では、例えば**三味線橋**（中野区）**【写真10】**のように、「近くの家から三味線の音が聞こえてくる」からといった超ローカル話題が橋名になっている。このような、身近な人や事象から親しみを込めて付けられた親密な橋名に、暗橋らしさが溢れていると思うのである。

高山

【写真9】 歩道に埋め込まれた柴又二十八号橋の銘板。柴又〇号橋は特に葛飾区柴又5丁目、6丁目に集中している

【写真10】 桃園川に架かる三味線橋。残念ながら私はここで三味線の音を聴いたことはない

② こんな橋の名が多かった

暗橋名、数の多さで並べてみたら

地域に偏りがあるとはいえ、2623本も暗橋名が集まったのだから量的にも注目してみよう。どんな橋名が多かったか。【表1】はその上位ランキングである。これは、あくまで特定地域のリストを基にしたデータベースであるので、このランキングそのものは全ての暗橋を代表するものではないことはあらかじめ申し上げておく。

最も多かったのは14本の**稲荷橋**だ。架かっていたのは玉川上水、渋谷川、呑川、烏山川、北沢川、桃園川、井草川、飯塚堀、下千葉用水、桜川、立会川などとあちこちで見られる名前であり、以下このランキングに登場する橋名はどれも同じように、特定の水系や地域に偏ることなくあちこちに存在するものであった。

稲荷橋は前節でいえば「ロケーション」の「ランドマーク」に分類される橋名で、近くにお稲荷様が祀られていることに由来しているのであろう。お稲荷様といえば、立派な神社から小さな祠までいろいろな形態があるので、それぞれの橋がどんなお稲荷様に紐づいているんだろうと想像するのも楽しい【写真1】。

第2位は**宮前橋**。こちらは「ランドマーク」としての「宮（神社）」と、「序列」としての「前」による橋名である。宮前橋こそ13本であったが、6位の宮下橋含め宮「上」、宮「西」など宮＋序列パターンを見れば、なんと合計31本となり、橋名の中の一大勢力となっている。

第3位は12本で同数の**栄橋**、**中之橋**、**八幡橋**だ。

栄橋は前節分類で「プロジェクション」の「希望」にあたる橋名である。しかしその読みは境・堺（さかい）に通ずるものがあり、ところによっては「境界」という「ランドマーク」的意味も込められていたからこそこの数なのでは、と想像する。

「中之橋」は、この字以外の中ノ橋、中の橋も含めれば合計18本となり、読み方ランキングであれば「なかのはし」で第一位になっていた。惜しい。

「八幡橋」は「ランドマーク」としての八幡神社にちなむ名前であろう。今回のランキングでは読みは考慮していないため「はちまん」「やはた」

【表1】 暗橋名上位ランキング

順位	橋名	出現数
1	稲荷橋	14
2	宮前橋	13
3	栄橋	12
	中之橋	12
	八幡橋	12
6	宮下橋	11
7	東橋	9
8	地蔵橋	8
	境橋	8
10	昭和橋	7
	弁天橋	7
12	観音橋	6
	山下橋	6
	天神橋	6
	柳橋	6
	二之橋	6
	旭橋	6
18	一之橋	5
	富士見橋	5

【写真1】 杉並区、桃園川の稲荷橋。近所に田中稲荷というお稲荷様が祀られている

両方を含む【写真2】。
第6位は11本で**宮下橋**【写真3】。橋名の作りについては2位宮前橋で述べたとおりだ。
第7位**東橋**。ちなみに南橋は3本、西橋、北橋はそれぞれ1本で、東西南北そのままの橋名で合計9本と東橋が突出しているのは、「ひがし」「あづま」と二つの読みがあり得ることだろう。さらにあずまが関東・江戸を指すことからこのデータベース特有の傾向が出ているのかもしれない。
以下第8位8本で**地蔵橋**と**境橋**、第10位7本で**弁天橋**と**昭和橋**【写真4】と続く。
こうしてみると、1位稲荷橋、2位宮前橋、3位八幡橋、8位地蔵橋、10位弁天橋、それ以下でも観音橋、天神橋と寺社仏閣に絡む橋名の多さが目立つ。橋名がランドマークと密接な関係にあり、さらに身近な信仰とも強く結び付いていることがうかがえるのである。

髙山

【写真2】豊島区、谷端川の八幡橋。やはたと読み、近所にあった八幡神社に因むといわれている

【写真3】渋谷区、渋谷川の宮下橋。お宮でなく宮家（梨本宮邸）が近くにあったことから。こういう例外もある

【写真4】品川区、品川用水に架かる昭和橋の跡。昭和に架けられたという「物語」が由来だが、令和の今は物語ご消滅した

コラム3

謎の名なし暗橋

本書では基本的に、23区内の名前のある暗橋を扱っている。名前のない暗橋にも素敵なものはたくさんあるので、ここで少しだけ紹介したい。

遺構として残る暗橋を探すには苦戦した杉並区であるが、暗渠自体は多いエリアで、こんなふうに小さな橋跡がそこここに見られ【写真1】、見るたびに心がなごむ。P146に記したような「無名第○橋」でさえもない、自治体からは管理されない橋である。

目黒区を流れる空川を歩く際、注意深くあたりを見ていると、駐車場の片隅にこのような橋跡のダンメンを観察できる【写真2】。ダンメンなので銘板も何も確認できないが、民家から道路へと架けられた私有橋ではないかと推測する。

最後は、谷田川・藍染川の脇に出現する、立派な石橋だ【写真3】。ガード脇の、盛り土を固めるような役割を担っていて、欄干・親柱ごと周囲のコンクリートにすっぽりハマっている。遠くから持ってくるとは考えにくいため、横を流れていた谷田川水系のどこかに架かっていた橋なのだろう。もっと長い橋の一部なのか、これで全てなのかも不明、設置経緯も不明で、謎に満ちた暗橋だ。

吉村

【写真1】杉並区高円寺南5-30。桃園川たかはら支流（仮）に架けられた愛しき小さな名なし暗橋

【写真2】目黒区駒場1-12。他の暗橋に比べ、極めてトマソン的だ。この駐車場はかつて中将湯という銭湯があったと推測している場所なので、この橋の下を銭湯の排湯も流れていたかもしれない

【写真3】北区中里1-38の山手線ガード脇。ガード名は「中里用水ガード」、そしてこの通りは「谷田川通り」と川を感じさせる

コラム4

葛飾区の展示「かつしかと橋」、中の人に聞いてみた

暗橋王国かつしか・本気の展示

この本の原稿も書き終えようという頃、葛飾区郷土と天文の博物館で『令和4年度特別展　かつしかと橋〜橋名板が語る橋の歴史〜』という展示が行われているのを知り、いったん筆を置いてさっそく観に行ってきた。この本でもあちこちで触れている葛飾区の暗橋を、葛飾区自身で取り上げている展示であるからして、それはそれは見応えのある内容であった。

会場では、区内橋跡の一大リスト『かつしかの橋』に載っている橋跡をマッピングした地図（この作業、気が遠くなるほど大変！）のほか、軽く100個はあろうかと思われる橋の銘板（ホンモノ！　ホンモノ！）がどばーっと並べられており、量・質ともに圧巻。あんまりにもすごいので、会期終了後のある日、博物館にお話を伺ってきた。

令和4年7/23 〜 9/4まで行われた展示。同内容の図録は葛飾区郷土と天文の博物館で購入できる

葛飾区に暗橋が多い理由

お相手をしてくださったのは、葛飾区郷土と天文の博物館学芸員（歴史文化財・民俗担当）の小峰園子さんだ。展示の熱量がハンパなかったのでもしや小峰さんも暗橋好きかと思いきや、ご専門は農村や農業用水の研究だという。なるほど、かつて区内に張り巡らされて

ところせましと並べられた銘板で会場はお祭り騒ぎ（私の主観では）。ふだんは土器を入れる箱に丁寧に入れて、地下の収納庫にしまわれているという

いた用水路愛が、そこに架かっていた橋を通してこういう企画となったわけだ。

そもそも葛飾区に暗橋が多いのは、ここが古くからの農村に共存しつつ宅地化と工業地化が爆発的に進んだ、「都市近郊農村」の極みともいえる場所であったからだという。農業を続けるには用水路網が不可欠だが、一方で宅地や工場を支えるモータリゼーションを充分に機能させねばならない。そこで区が主体となってたくさんの橋を作り管理することで、区の発展と区民の暮らしを守ったのだ。その後、さらなる都市化の進行で田んぼは消え、役目を終えた水路は次々と蓋をされ、橋は暗橋となっていった。

区の事業として水路を暗渠化し一般道や親水公園に変える際、都市整備課の配慮もあって、撤去した暗橋の銘板の多くがこの博物館に預けられ、こんな展示が実現できるほどの物量となったそうである。

暗橋が引き出す「地元話」

会期を振り返っての感想を小峰さんに聞く。

「これまでの展示よりもお客様の反応が多く、細かな質問もいただきました。区の歴史を橋というわかりやすい物で見える化できたことに加えて、ちょっと前まで皆さんの日常にあった物だからこそ、自然と『地元話』で盛り上がれたのだと思います」

と表情を緩ませながらも、これを元に皆さんから橋や水路の情報を集め、もっと精度を上げていきたいと締めくくられた。続編の展示が待ち遠しい。

髙山

3 暗橋、その名の由来を探る

その橋がどのような名前か、気にしたことがあるだろうか。
なぜその名が付いたのか。誰かが付けたに違いないのに、これが案外、難しい。
気になった暗橋いくつかについて紹介するが、謎はより深まってしまうかもしれない。

① 橋の名付けかたあれこれ

不明点の多い橋名

暗渠を調べていると、川名の由来について根拠資料を得にくい場合がある。橋は年代が新しければ記録もあるが、やはり由来が不明瞭なものは多い。一筋縄ではいかない橋名たちを、紹介しよう。

【写真2】小川橋の碑（中央区日本橋富沢町16）。小川巡査のことが書いてある。実際にあった事件である

【写真1】浜町川、問屋橋商店街（中央区日本橋富沢町15）のかつての姿

騙されるでない小川橋

鞍掛橋や問屋橋【写真1】など、印象的な橋をいくつも擁する浜町川（中央区）に架かっていた、**小川橋**というやや地味な橋がある【写真2】。由来の碑が跡地にあり、明治19（1886）年に「小川巡査」がここで強盗を逮捕し殉職したことによる命名と書いてあるので、長らくそう信じていた。橋は久松警察署の真ん前であり、説得力がある。

ところが、元禄の地図にも小川橋と書いてあると『東京の橋』（石川悌二著）は記す。なんという裏切られ感。ではこの「小川」は一体何からきているのか？　幕末の江戸切絵図を見れば、やや下流に、小川汶庵（1782〜1847、江戸後期に活動した幕府の医師）の御宅があり、出版年不明の「俚俗江戸切繪図」には同位置に小川道伯が住んでいる【地図1】。ここに代々小川氏が住んでいたならば、橋に幕府の医師の名を付けることは道三堀の**道三橋**（P148）と同様、あり得ることだ。小川橋の由来は医師の小川氏であるという新説をここで唱えたいと思う。

小川橋は難波橋ともいわれていた。元吉原が近く、吉原移転後の町名が難波町なので難波橋。こちらは納得の命名だ。

【地図1】切絵図に載る浜町川（浜町堀）と小川橋。難波橋がのちに小川橋となるということが絵図上に表されている。この時代は小川邸は道伯が当主であるようだ（「俚俗江戸切繪図　人形町・浜町・両国辺」より）

呼び捨てでいいのか巌橋

渋谷川の**巌橋**（渋谷区神宮前2－16）もまた人名からきているとされる。『渋谷の橋』には、「古老によると、隠田に住んでいた大山巌元帥が馬に乗ってしばしばこの橋を渡ったことから」と載る。

確かに大山邸は明治時代から昭和戦前期にかけ、渋谷川沿いにあった。しかし、巌橋と大山邸との位置関係を見てみると、絶妙に遠い**【地図2】**。

そもそもなぜ「大山橋」ではないのか。前述の由来は、本人以外が付けた印象である。元帥なのに、ファーストネームで付けるものだろうか？「巌さん」と呼ばれがちなキャラクターだったのかというと、大山巌の人物像は当時の薩摩藩出身者の中でもとりわけ気さくな人物であることは確かだが、さすがに周囲からは苗字で呼ばれていたようだ。したがって、この巌橋を大山巌由来とするのにはどうも無理がある。

全国の開渠に架かる橋には、少数だが「巌橋」がある。全国共通の由来…仮説に過ぎないが、国家「君が代」の「さざれ石の巌となりて」から命名されたのではあるまいか。渋谷川には「**八千代橋**」（ただしこちらも人名説がある）も存在する。渋谷川の巌橋については現在検証しようがないが、少なくとも「君が代」から名付けられた橋は、各所にある。

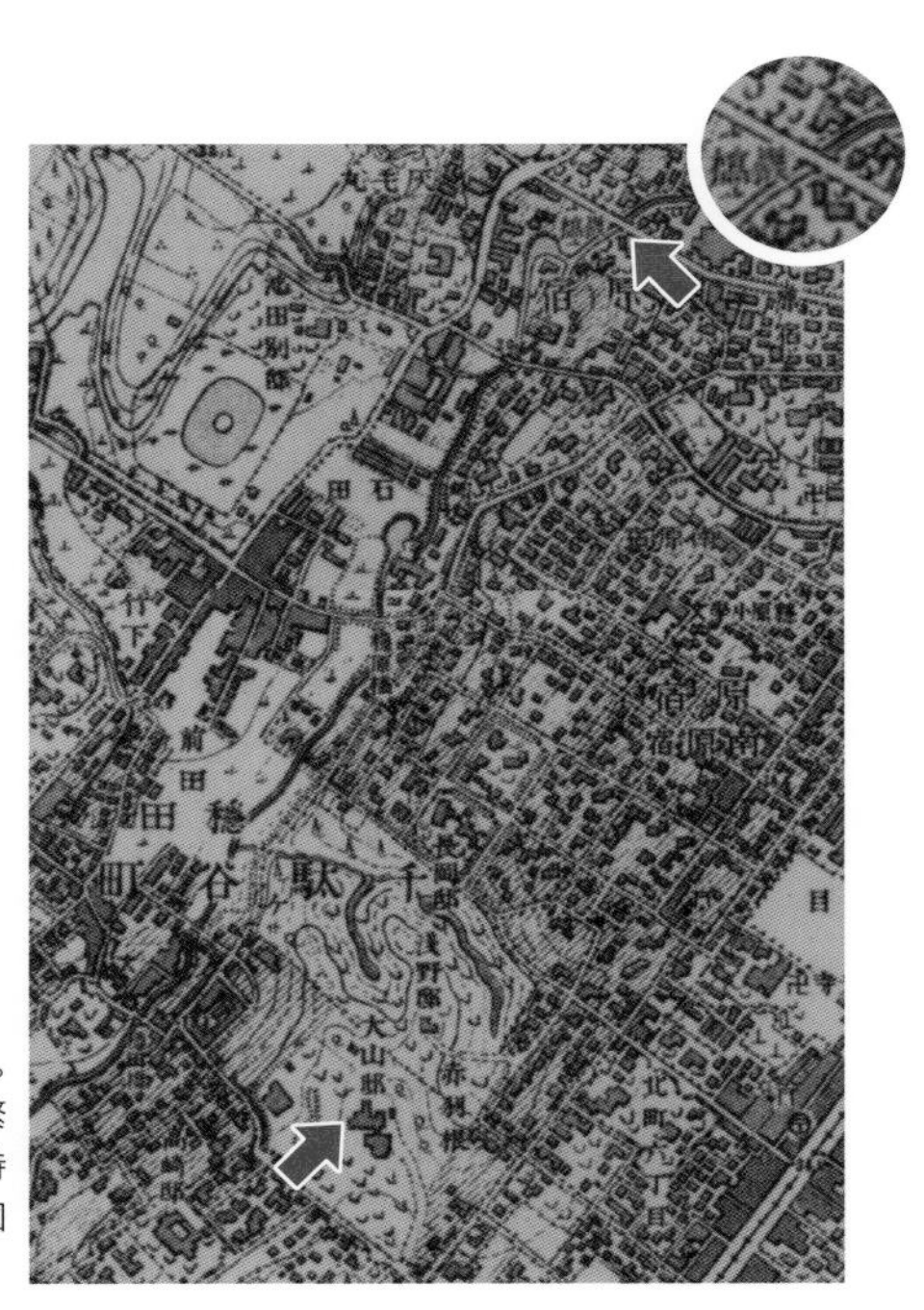

【地図2】巌橋と、大山邸の距離感。これならば大山元帥がもっと頻繁に渡った橋もありそうだ（『東京時層地図 for iPad』（一財）日本地図センターより「明治のおわり」）

おやじ橋よ、なぜその名に

中央区にある東堀留川に架されていた、**親父橋**（親仁橋）という忘れ難い名の橋がある【写真3】。近くに元吉原があり、吉原遊廓の創始者庄司甚左衛門が由来、ということが通説だ。甚左衛門を周囲の皆が「おやじ」と呼んでいたからだという。しかしこのような命名は数ある人名橋の中でも稀な印象で、通常はせめて「甚左衛門橋」となる流れであろう。本人が「本名は嫌だ、絶対に親父橋にしてくれ」と言わない限り、通称名が江戸時代の橋名となるなんて。という謎めいた印象である。

どうも、庄司甚右衛門自身も、謎めいた人物であるようだ。自らの素性を語らなかったといい、甚右衛門関連の情報はありはするが人物像が掴みにくいものばかり。「自らの素性を語らなかった」ことと、自らの名前を橋名にしなかったことは、なんとなく関連するように思えて興味深い。

諸説あり過ぎ笄橋

青山墓地の一角にあった蛇ヶ池等を水源に、港区を流れる渋谷川支流、笄川（こうがい）。親川、竜川などとも呼ばれていた。笄川に架かる**笄橋**は、江戸名所図会にも載る、小橋ながらも存在感のあった橋だ。香具橋、経基橋、国府方橋、小貝橋などとも書かれる。

この笄橋、由来にまつわる伝承があまりにも豊富。長くなるので割愛するが、渋谷の長者の

【写真3】親父感のあまりない親父橋（日本橋小舟町1丁目）。写真は震災復興橋梁として大正14年に改架されたもの。その下流の「思案橋」も元吉原にちなむ名である。『橋梁設計図集』（国立国会図書館蔵）より

娘と銀王丸の笄の伝承、源経基が関守に笄を与えた話、そして近くに伊賀者と甲賀者が住んでいたので「甲賀伊賀橋」という大喜利のごとき説まである。全てが「こうがい」と結び付いている。

笄橋跡は、西麻布の中でも素朴な感じのする場所（港区西麻布4－10）だ。中世や近世であれば、より郊外、というか田舎だったろう。そんな地でこれほどの伝承と別名を有するということは、特殊な場所であったに違いない。

江戸の花名勝会に「竜川笄橋貞世の関」とあるように、ここは関所であり**【図1】**、重要な街道が通っていたと推測される。少し下れば、昭和7（1932）年まで豊多摩郡渋谷町と東京市麻布区との境界、すなわち東京市のヘリでもあった。そこは現在も渋谷区と港区の区境で、行政境界としての魂を残している。なみだ橋のように境界地の背負う無数のものがたりが、「こうがい」にも込められている。

次第に私的になっていく橋名

かつては一つの橋の存在感が大きく、それゆえ橋名を巡るエピソードも多かった。時代が変われば、橋名が背負うものも変化する。

『郷土　板橋の橋』によれば、蓮根川の**相盛橋**（相生町23）は、板橋区から地元相生町町会に橋の名付けの依頼がきたものであり、相生町が盛んになるようにと命名された。昭和になるとこのように地元が自分たちのために橋名を考える流れも出現する。「栄橋」も、その地域や商店

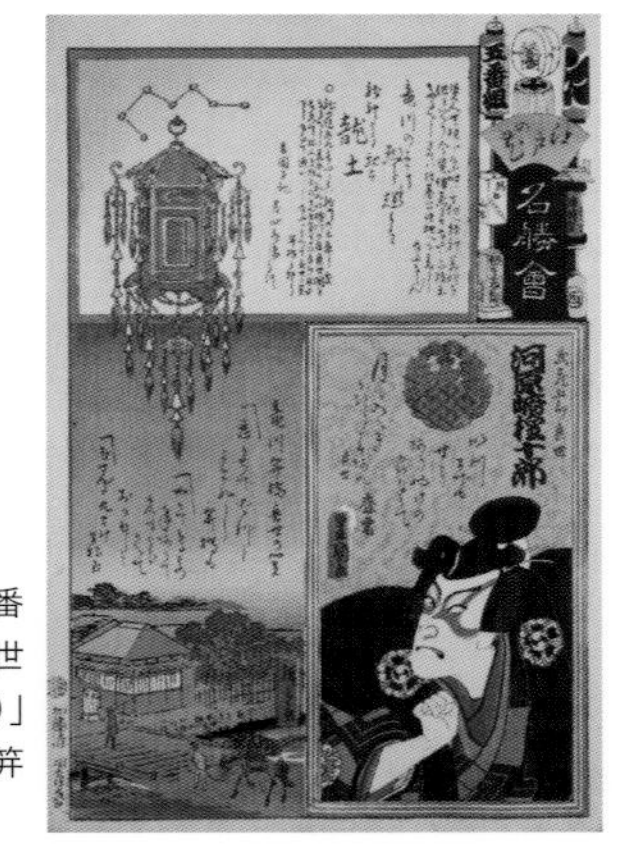

【図1】「江戸の花名勝会　え　五番組　河原崎権十郎／竜川笄橋貞世の関／竜土（江戸の花大錦名勝絵）」（国立国会図書館蔵）に描かれる笄橋。関所であることも描かれる

街が栄えるようにという願いが込められがちだ。

橋名がさらにローカルになっていく動きは、葛飾区で観察できる。『かつしかの橋』によれば、中井堀に架けられていた**湯屋前橋**（奥戸6－1、昭和50年頃架橋）は隣地に銭湯があったことが由来だ。東井堀にも湯屋前橋（高砂2－32－13、昭和40年架橋）がある。住宅地図を見てみると、奥戸には「観音湯」、高砂には「竜乃湯」があった。どちらも現在は廃業している。

西井堀分流の**東橋**（東堀切2－9－12、昭和40年架橋）に至っては、なんとまさかの、「ほとりに東荘というアパートがあった」という名付けられ方である模様。現在も東荘があるかどうかが無性に気になり、現地に行ってみると、残念なことに今はもうなかった【写真4】。けれど住宅地図を見ると、ちゃんと「あずま荘」はあった【地図3】。あったのだが、ゴルフ場（こちらは現存する）のほうが目立つので、「ゴルフ橋」のほうがよかったのでは……？　などと思わずにはいられない。

【地図3】十字路の左下に「あずま荘」がある。そのすぐ北を西井堀分流が流れ東橋が架かっていた（『ゼンリンの住宅地図　葛飾区　1980』より。一部加工）

この場合、その土地の人々にとっての目印たるものが橋の名前となるのだろう。のちに暗渠化されていくような細い水路に架かる橋であるほど、小さきものがたりが込められているようで、目が離せない。

吉村

【写真4】東橋跡。左手にかつてあずま荘があった。奥には「東上橋」跡もあり、東橋から発展した橋名だろう

②記号橋の順序

気になる記号橋

橋の名前には風流なものもあれば、「一号」などと記号や序列で呼ばれるものもある（P126）。そのような橋をここでは記号橋と呼ぶ。番号の場合、「1」はその川のどちら側に振られるものだろうか。上流か下流か、北か南か？　いくつかの暗渠について、見てみよう。

竪川の場合

江戸時代に開削された竪川（江東区・墨田区）には、一之橋から**六之橋**まである【地図1】。他にも多くの橋が架かっているが、それは後の時代、防災等の観点から付け足されていったものだ。一之橋が最も西、六之橋が東にある。そもそも、竪川は現在半分以上が埋め立てられているうえ開渠区間も水の流れが読み取りにくいが、下水道台帳等を参考にすると、流れは東から西へ向かっているようだ。ということはつまり、流れの向きと命名は逆。下流側から一、二……と架けられている。が、一之橋の説明によれば「隅田川から入って一つめの橋」ゆえ一之橋、と

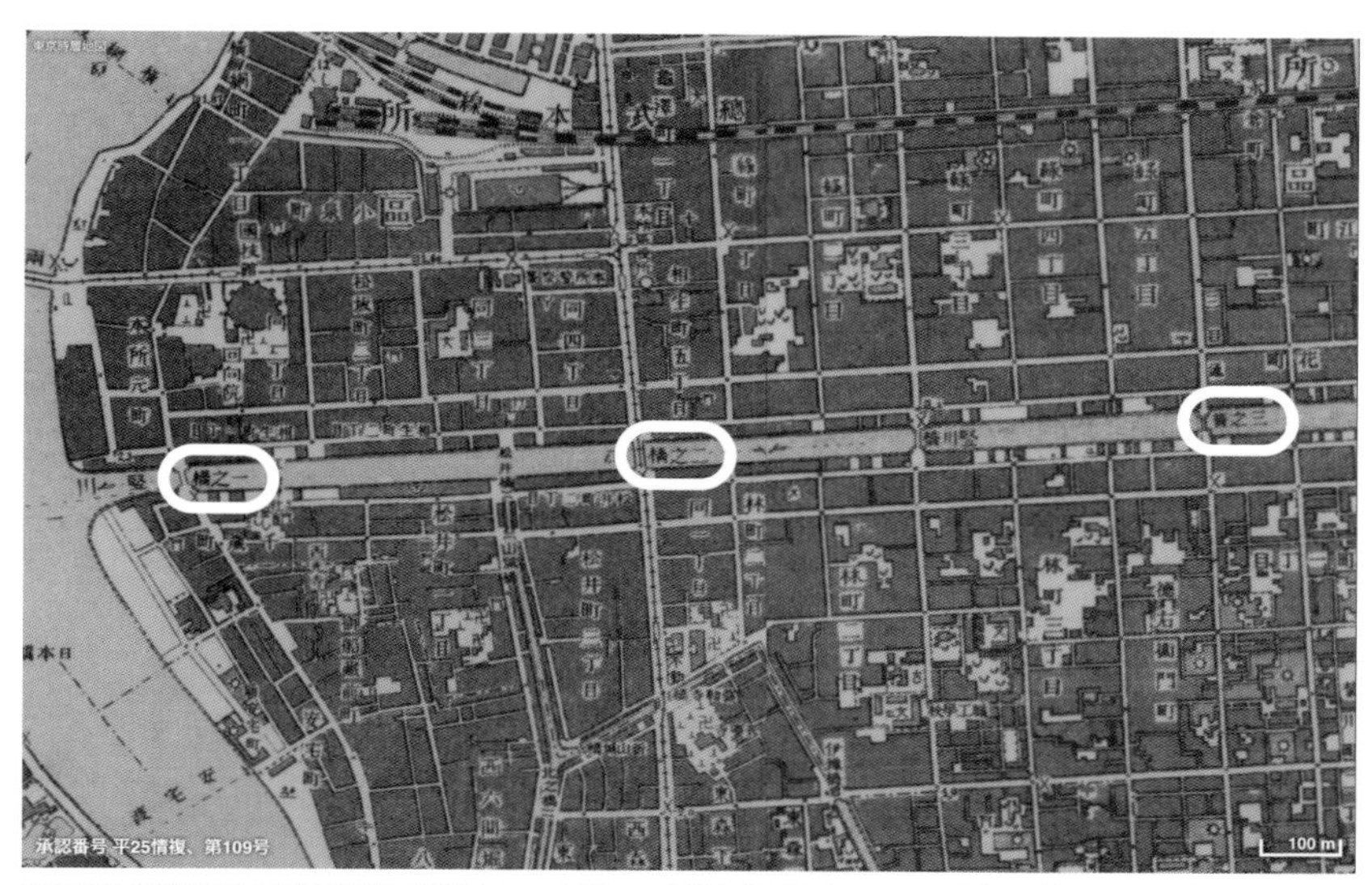

【地図1】明治時代の竪川西側。西側から一之橋、二之橋と架けられている。現在も開渠で、三之橋までは現役（『東京時層地図 for iPad』（一財）日本地図センターより「明治のおわり」）

いうことである。一之橋の創架は竪川開削と同時の万治2（1659）年であるから、最初に架けられた橋でもあり、最も江戸城寄りの橋でもある。暗橋といえるのは**四之橋**以降である**【写真1】**。

【写真1】昭和32年の五之橋。五之橋も竪川開削年（万治2年）に架けられたが、一時期廃止となり「渡し」となっていた。明治36年再架橋。現在は昭和50年に改架されたものが残っている（江東区教育委員会所蔵）

新川の場合

新川（中央区）もまた江戸時代に開削された運河であり、酒問屋と酒の運搬で有名だ。日本橋川から亀島川が分岐し、亀島川からさらに分岐するやや細い運河である。新川には、**一之橋**から**三之橋**まであった【地図2】。こちらも江戸城に近いほうが一之橋である。また、竪川とは異なり上流が一之橋である。

藍染川（荒川区）の場合

少し時代を新しくしてみよう。荒川区を流れていた藍染川は、大正時代に開削された排水路である。藍染川には「藍染第〇号橋」と付く記号橋が9本ある【地図3】。藍染川は道灌山から隅田川に向かって流れていくため、この9本は下流から上流に向かってナンバリングされていることになる。江戸城から隅田川を遡上したとするならば最初の橋が一号橋となるが、この江戸城基準がどこまで浸透しているのか、定かではない。

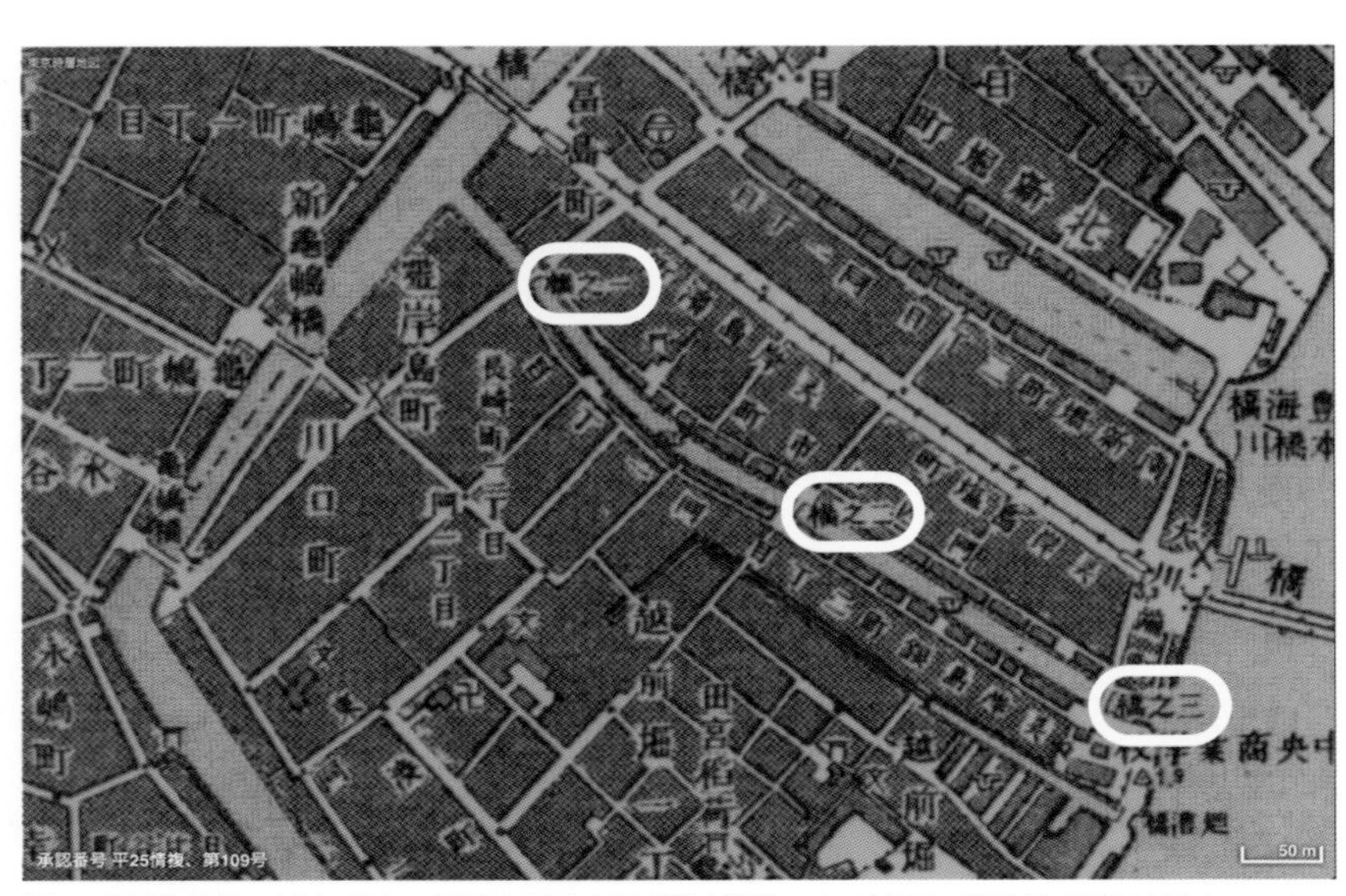

【地図2】明治時代の新川。現在の新川は、碑と水門が残る程度で、ほぼ普通の道路だ。橋跡も残されていない（『東京時層地図 for iPad』（一財）日本地図センターより「明治のおわり」）

記号橋は写真が残っていないことが多いが、**藍染第六号橋**については管理用写真が残っていたので掲載する**【写真2】**。

谷端川の場合

谷端川（板橋区・豊島区・文京区）に架けられる橋は多く、その橋名も多彩だ。その中に、3本だけ記号橋がある。JR板橋駅から近い順に**一の橋**、**二の橋**、**三の橋**とあった。創架は昭和初期。川の流れでいうと上流に三の橋がある。つまり、谷端川の記号橋も下流からナンバリングされている。ただ、なぜこのような川の途中にぽつねんと記号橋があるのか、謎である。

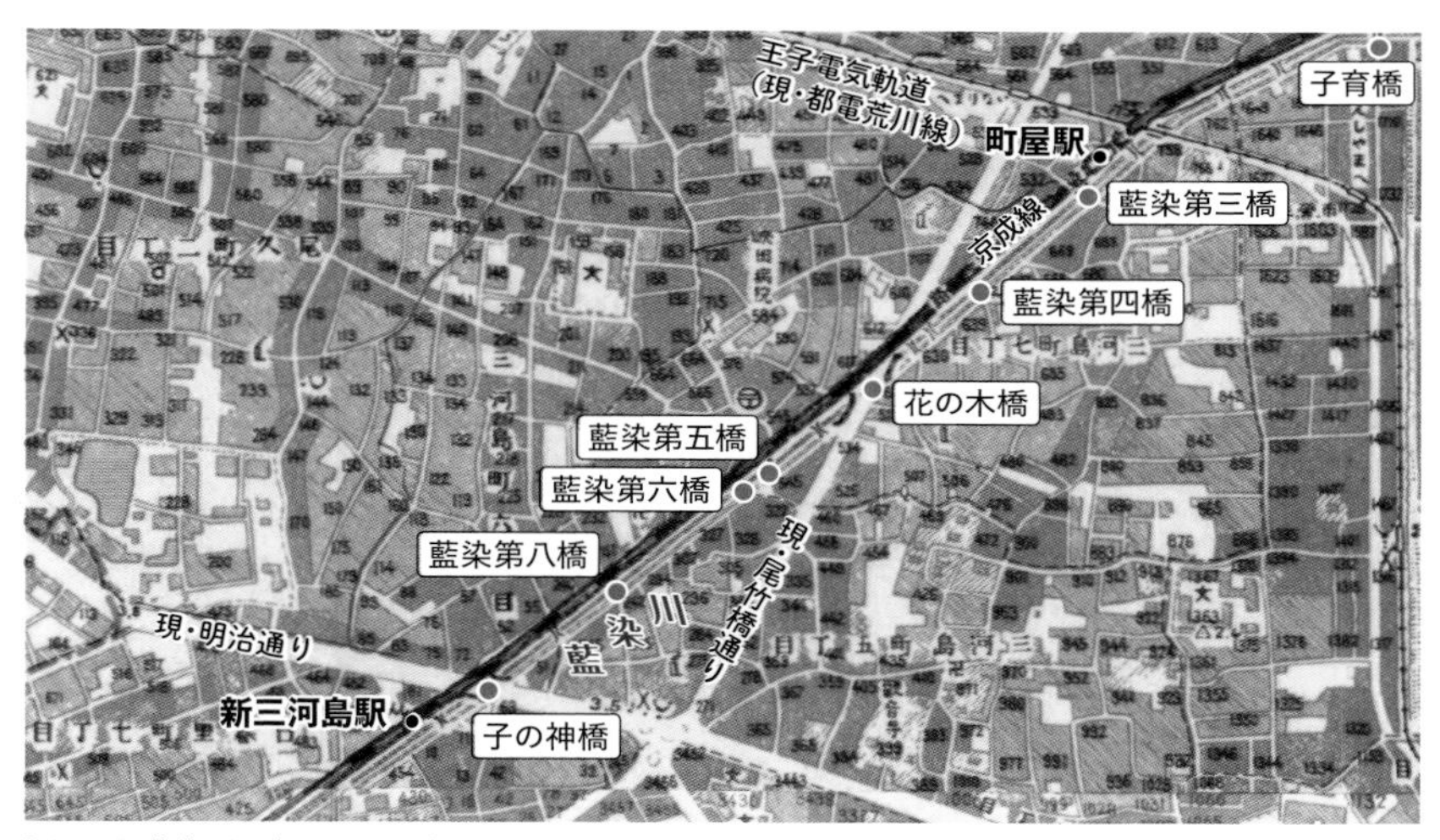

【地図3】 藍染川に架かる記号橋の一部をプロットした（『東京時層地図 for iPad』（一財）日本地図センターより「昭和戦前期」）

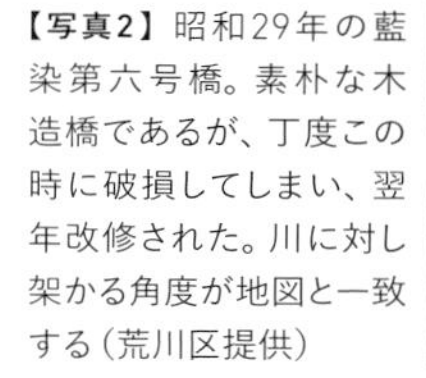

【写真2】 昭和29年の藍染第六号橋。素朴な木造橋であるが、丁度この時に破損してしまい、翌年改修された。川に対し架かる角度が地図と一致する（荒川区提供）

松庵川の場合

杉並区、西荻駅付近から流れ始める松庵川にも「無名第○橋」という記号橋があったが、これがなかなか、特徴的である【地図4】。なぜ18から始まるのかと不思議でならないが、杉並区全体の橋梁を見ていけば謎は解ける。

松庵川では上流から順に、**無名第十八橋**から始まり**無名第二六橋**までである。杉並区内の他の暗渠を見ると、井草川（井荻付近）に**無名第一橋**、**第二橋**が架かる。**無名第三橋**は妙正寺川支流に、**無名第四橋**は桃園川の支流天保新堀用水に、**無名第五橋**は善福寺川あげ堀に、**無名第七橋**は桃園川支流に、**無名第八橋**から**第十四橋**までは小沢川（和田を流れる）に、これも上流から架かる【地図5】。

つまり、各河川に杉並区全体の橋梁管理上の番号が付されていたのだ。例外はあれど概ね北から南へ、そして上流から下流へとナンバリングされていた。また、記号橋は全て暗橋だった。すなわち、比較的小さな川

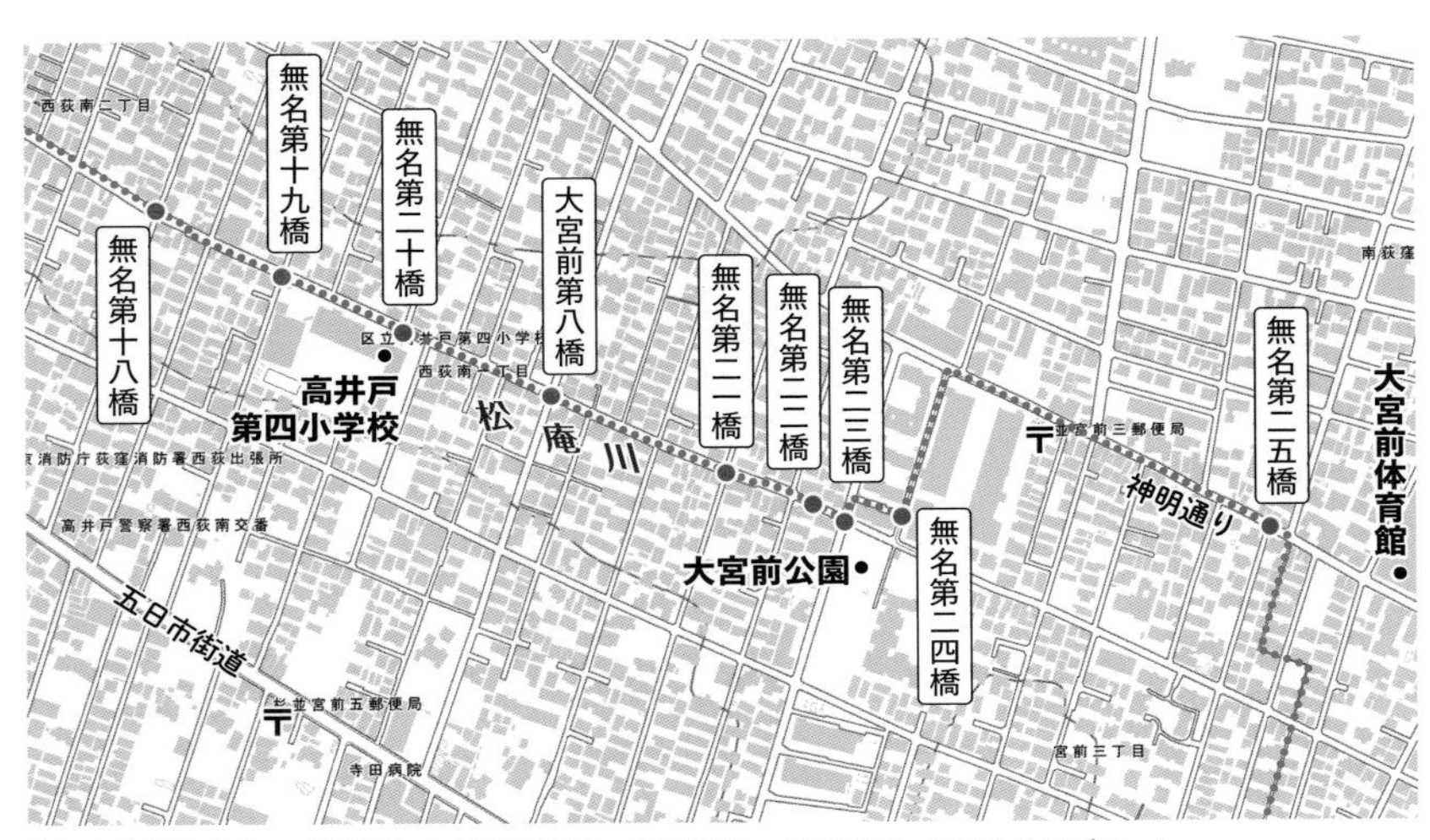

【地図4】昭和37年の杉並区における橋梁データを参照し、松庵川の一部とともにプロット

にしか記号橋を架けていない、ということも見えてくる。

他にもまだまだ記号橋を有する暗渠は存在する。ここで挙げた事例を見ただけでも、記号橋の順序には規則性があるようだが、年代により変化するようでもある。

吉村

【地図5】昭和37年の杉並区における橋梁データを参照し、小沢川の一部とともにプロット

コラム5

最初の橋

記録に残る最古の橋というと、日本書紀まで遡ることができるのだそうだ。もう少し想像がおよぶよう、江戸最初の橋、としてみると、東京市史稿に載る江戸初期の橋は江戸橋、千住大橋、銭瓶橋、六郷橋の4本である。

うち暗橋は、道三堀に架かる銭瓶橋のみだ【図1】。文禄4（1595）年創架、江戸市中最初の橋ということができる。江戸の都市計画初期に架けられた合理的な橋で、都市の発展においては不要なのか、明治42年に道三堀ともども埋められ、現在は存在しない。「銭瓶」の由来は、架橋時に永楽銭の入った瓶を掘り当てたから、ここで永楽銭の引替があったから、など諸説ある。江戸で最初の銭湯はこの橋のほとりに建てられたというし、遊女屋もあったそうだ（暗渠サイン!）。といっても現在は大手町のオフィスビルのどまんなかで、それらの気配は何も残っていない。

銭瓶橋の隣に道三橋が架けられたが、はじめは名がなく、大橋と呼ばれていた。「道三」は、ほとりに住む将軍侍医の名である。命名者は徳川秀忠。道三橋・道三堀・道三河岸と道三づくしで、どれだけ名医だったのだろう。ただ、道三橋架橋に関する伝承は、ちょいとおかしい。ある時将軍が道三を呼んだが、参じるのが遅く、お咎めがあった。道三は「堀をぐるりと巡るので遠い」と言い訳をした。それで将軍は道三橋を架けさせた、という（『東京名所図会』より）。他、初出不明だが、「道三と息子が堀を隔てて邸を賜っているので、秀忠が橋をかけさせ、親子の往来の便をはかった」という説もある。いずれにせよ高待遇である。

現在は碁盤の目状の町割で、斜めに流れていた道三堀は、跡を歩くこともできない【写真1】。

【図1】歌川広重「八つ見のはし」江戸名所百景（国会図書館所蔵）。江戸城外濠から道三堀が分岐する地点を見ており、中央に描かれる橋が銭瓶橋。奥に見えるのが道三橋だ。現住所は中央区日本橋本石町1－1あたり（三越前駅から大手町駅方向を見る形）と推測する

【写真1】道三橋跡（千代田区大手町2-2）。写真に写り込んでいる説明板は、道三橋に関するもの。銭瓶橋跡にも説明板があり、過去を想像するわずかばかりの手がかりとなる

明治の新聞に、道三橋のニュースを見付けた。明治29（1896）年6月27日発行の朝日新聞。9歳、10歳、11歳の3人の少年が、道三橋際の濠端へカニをとりにきた。ところが3人とも石垣を踏み外してしまい、道三堀に落ちてしまう。でも大丈夫、道三橋の傍で仕事をしていた船大工の青年が濠に飛び込み、3人を助けた。なんの偶然か青年の名は石橋吉太郎、橋のヒーローに相応しい名前である。

大手町の路上で目を閉じてみる。ここに堀割があり、石垣の隙間をカニが這っていた。船が往来し、少年が遊ぶ。船大工の金槌の音、木材を削る音が聴こえる……味気ないオフィス街の足元にも、川と橋のものがたりが眠る。

吉村

コラム6

橋詰広場の暗橋サイン

【写真1】 公衆便所の例。銀座で飲んだ際にお世話になっているかもしれない「元木挽橋際公衆便所」（中央区銀座6-13-2）は、三十間堀川に架かっていた木挽橋の名残だ。三十間堀川の橋詰には、特に集中的に公衆便所が設置された

橋詰広場とは、関東大震災以降に橋際の空間に付けられた名称である。橋のたもとにある、ちょっとした広場のことだ。

江戸時代にも橋のたもとに空間はあって、露店や高札場などが付随し、人が集まる場所、人に見られる場所だった。大正時代になると、震災を経、復興計画時に橋には橋詰広場を設置することと、その大きさや配置されるものが制度化された。具体的にいうと、派出所・共同便所・防災倉庫を橋詰広場に設置することになった。これらは、橋詰広場の三大施設ともいう。

川が消えた後も、橋詰広場の施設は残り続け、暗渠サイン（※）になっている。むしろ明確に橋のありかを示すのだから、暗橋サインといえる。交番、公衆便所、防災倉庫に「橋」の名が冠されていたならば、そこには橋があって川が流れていたはずだ。 **吉村**

※ただし震災復興に関連する、都心の大きめの橋に関するもの、ということになる。

【写真2】千代田区内神田鎌倉町会の防災機材置場は、かつて龍閑橋が架かっていた場所と隣接する

【写真3】楓川の新場橋橋詰にある公衆便所。向かいには楓川新場橋公園が。小公園もまた、橋詰に多い

【写真4】橋詰広場には神社や国旗掲揚塔のような祭事関連のものが置かれることも。楓川、宝橋にある宝地蔵

4章 残り方から見る暗橋

この章では、暗橋をその残り方からざっくりと分類し体系化してみる。

そもそも分類って何？　そんな必要あるの？　という声も聴こえてくるが、確かに分類自体に意味はない。

それで世界が理解できるわけでもない。だけどいいのだ、単に分類したいのだ。

世界を見る眼は、こうやってくだらないモデルをたくさん作りながら養われていくのだから。

①　23区暗橋分類

場所と加工度で暗橋を分けてみる

暗渠に架かる橋として今に残る暗橋の「残り方」は、実にさまざまだ。分類にあたってここではその残り方に着目し、縦横二つの軸を使った。

横軸は「元の場所にあるのか、違う場所に移されたのか」という、位置を表すもの。縦軸は「ほったらかしにされているのか、何がしかのお手入れがされているのか」という、人の手によるケア度を表すものである。これら2軸の掛け合わせで、世にある暗橋がすっきり見えてくる。実際に個別暗橋を細かく検証していくと若干の変動はあるのだが、まずは単純化したモデルとして【図1】のように整理した。四つの象限の命名にあたっては、単に私が猫好きなので**「野良」「飼われ」「標本」「捨てられ」**といったように、猫の生態になぞらえてみた。

これらは、前著『まち歩きが楽しくなる 水路上観察入門』（KADOKAWA 2021）で行った分類を再検討し、特に野良暗橋物件についても新たな発見と検証を重ねた上で変更を加えたものである。

孤高の存在、野良暗橋

左下から説明していこう。「元の場所」、しかも公道にあって「ほったらかし」にされているのが**「野良」**だ。自分の活動圏の中で、誰かに頼り切ることなく残る暗橋。厳密にいえば、通りすがりの誰かに餌をもらうがごとく、ほんの少しだけ人の手が入ることもある。だが、基本的に何かに庇護されることなく、孤高の存在として街角に残っているのが野良暗橋である。それだけに23区内でもその個体は稀有で、確認できているものでわずか28件しか残っていない【表1】。まさに絶滅危惧種の貴重な暗橋なのである【写真1・2】。

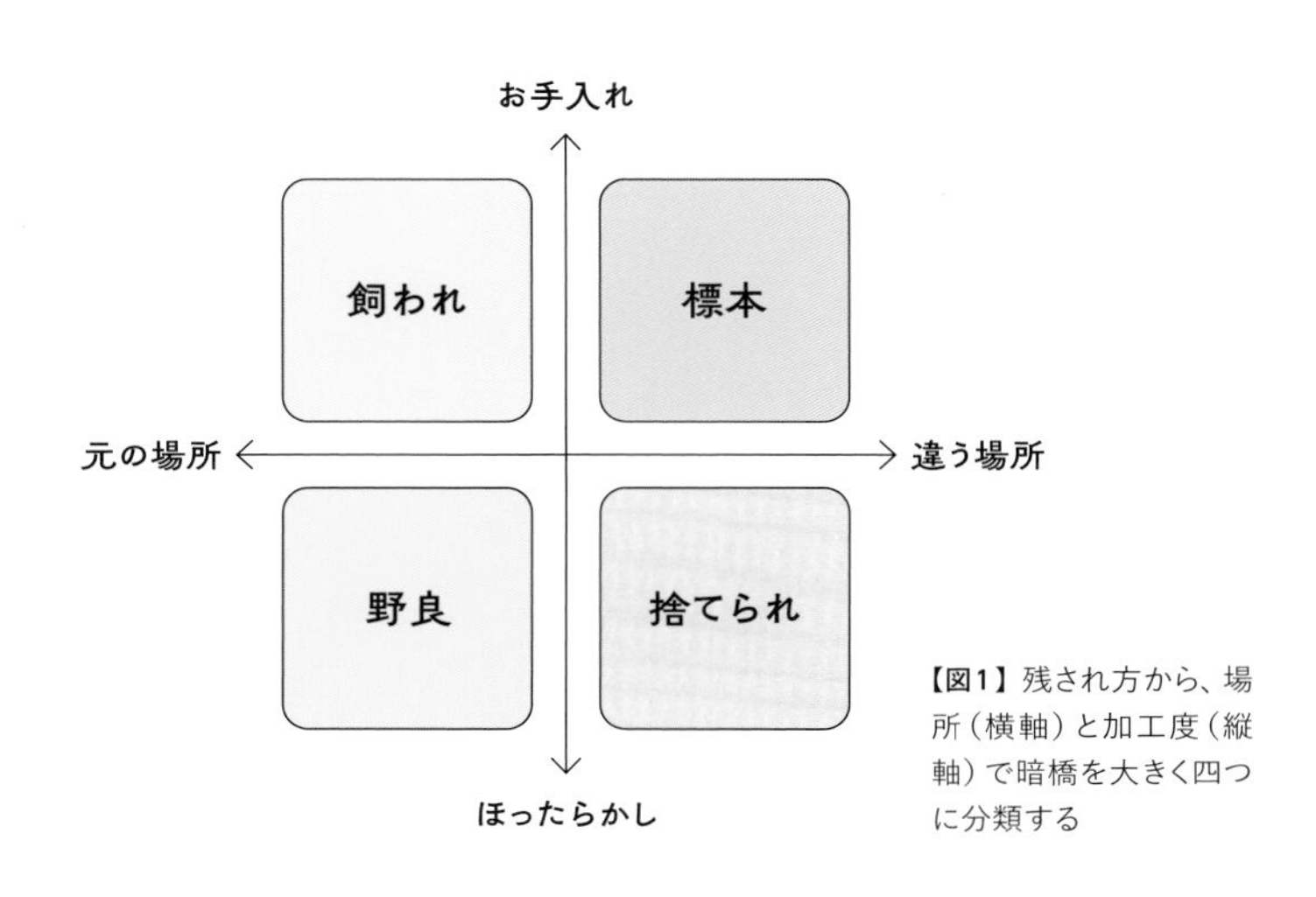

【図1】残され方から、場所（横軸）と加工度（縦軸）で暗橋を大きく四つに分類する

【表1】23区内の野良暗橋一覧。ただし、橋名がない・わからない暗橋についてはカウントしていない

欄干あり

橋名	住所	竣工年	形状	架かっている川
今里橋	港区白金台3-12	昭和5	欄干	三田用水
南橋	世田谷区用賀4-5	不明	欄干	谷沢川
だいろくてんばし	世田谷区上用賀5-21	不明	欄干両側	谷沢川
堺橋	渋谷区笹塚3-30	不明	欄干	和泉川(神田川支流)
初台橋	渋谷区初台2-4	昭和34	欄干両側	初台川
新坂橋	渋谷区代官山町18-10	大正13	欄干	三田用水猿楽口分水
かう志ん橋	中野区中央5-44	大正13	欄干	桃園川
桜二橋	葛飾区鎌倉3-14	昭和43	欄干両側	小岩用水
大道橋	葛飾区立石1-11	大正11	欄干	東井堀新堀川
玉川橋	葛飾区四つ木2-20	昭和38	欄干	四つ木用水
金阿弥橋	葛飾区新宿2-22	昭和43	欄干	上下之割用水の支流
巽橋	葛飾区西新小岩1-6	昭和35	欄干	上下之割用水西井堀
天神前橋	葛飾区西新小岩5-23	昭和40	欄干	上下之割用水西井堀西側分流
千代の橋	葛飾区西新小岩5-31	不明	欄干	上下之割用水西井堀西側分流
元宮橋	葛飾区堀切5-3	昭和33	欄干	古隅田川西井堀
千種橋	江戸川区東葛西1-49	不明	欄干	長島川

欄干なし

橋名	住所	竣工年	形状	架かっている川
日本堤橋	台東区東浅草2-7	不明	親柱	山谷堀
澤田橋	大田区大森北6-23	昭和12	親柱4本	六郷用水北堀
子母沢橋	大田区中央4-10	昭和2	親柱2本	内川
道草橋	世田谷区八幡山2-24	昭和35	親柱4本	烏山川
南ドンドン橋	渋谷区笹塚1-30	不明	親柱	玉川上水
明治橋	渋谷区笹塚3-10	不明	親柱	和泉川(神田川支流)
原宿橋	渋谷区神宮前3-28	昭和9	親柱2本	渋谷川
参道橋	渋谷区神宮前4-25	大正9	親柱4本	渋谷川
神橋	渋谷区幡ヶ谷3-38	昭和4	親柱4本	和泉川(神田川支流)
仙臺橋	北区岩淵町38-1	不明	親柱	石神井川上郷七ヶ村用水
三本杉橋	北区王子本町1-1	不明	親柱	石神井川上郷三ヶ村用水
荒木田新橋	荒川区町屋6-19	昭和6	親柱4本	江川堀

【写真2】渋谷区幡ヶ谷、神橋。かみはしと彫られた文字は元々朱が入れられていたのか、うっすらと色が残っているところが素敵

【写真1】江戸川区東葛西の千種橋。長島川が旧江戸川に合流する場所に水門とともに残る

野良暗橋も単純に形態だけ見れば「欄干あり」と「欄干なし」とに分けることができるが、そこを不問にして分類2軸に従えば、さらに亜種として右寄りの**〈野良a〉**グループと、上よりの**〈野良b〉**グループに分類できよう**【図2】**。

〈野良a〉とは、現役時代からほんのちょっと場所が動かされていると思われるグループである。例えば**【写真3】**の**南ドンドン橋**。写真を撮っている位置が左右に流れる暗渠（玉川上水）上なので、南ドンドン橋は写真の奥から手前に架かっていたはずだ。とすればこの親柱に刻まれた「南ドンドン橋」という橋名は橋の外側、つまり写真奥に向かって見えていたはずである。すなわち、暗橋となった時点でこの親柱はくるっと180度回転されているのだ。こうなると厳密に数センチ違わずこの場所にあったのか、ということまで疑問が生じてくる。そんな物件がこのグループに

【写真3】渋谷区笹塚の南ドンドン橋。歩道を通る人の目に付きやすいようにか、おそらく当初とは向きが変えられている

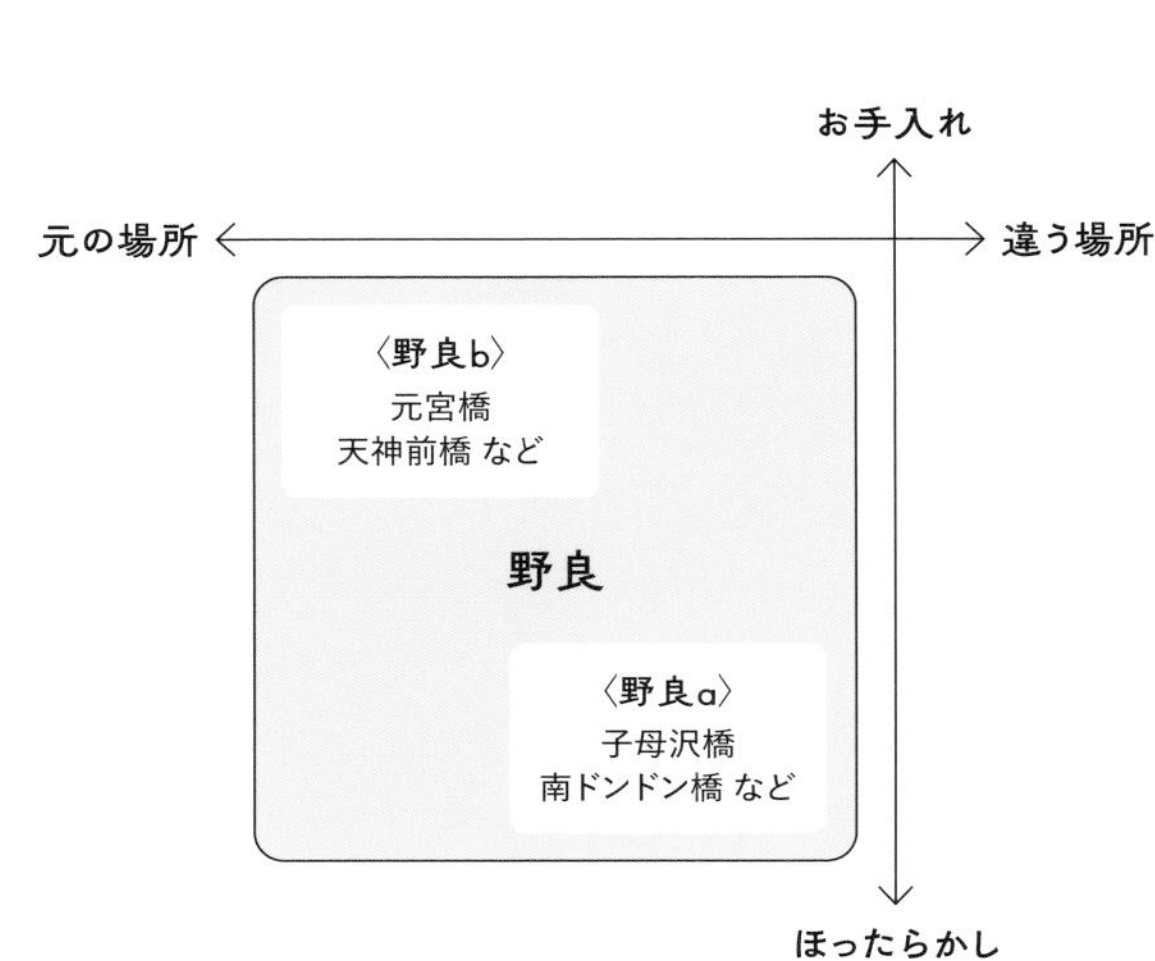

【図2】「元の場所×ほったらかし」の野良暗橋には二つの亜種がある

入る。

〈**野良b**〉とは、橋自体に若干の加工が施されているものだ。ただしその加工は、「飼われ」や「標本」のような橋の補修や再構築のための加工ではないのが野良たるゆえんである。

例えば**【写真4】**の**元宮橋**。橋に鉄パイプやワイヤーネットが絡みつき、がんじがらめに加工されている。しかしこれはもちろん橋自体のためではなく、隣家フェンスの土台の一部として暗橋が利用されているだけだ。あるいは**天神前橋**は、欄干の真ん中が切り取られているが、これももちろん橋自体のためではなく、車止めとして暗橋を利活用するためである。これらのように、野良として生き長らえるために、多少の加工（損傷）を受け入れているというのがこのグループである。眺めるたびに、痛々しくも健気にそこにあり続ける野良暗橋に、胸打たれる思いがする。

【写真4】葛飾区堀切の元宮橋。鉄パイプとワイヤーネットの土台として馴染み、街角の造作物に擬態している

囲われ守られるペット、飼われ

左上の象限は「**飼われ**」だ。場所はそのままだが、飼い猫のように、誰かに・何かに保護されている暗橋である。保護というのは、緑道公園の中なり端っこなりに取り込まれて公園の一部になっているとか、あるいは何らかの柵に囲まれているなどの状態をいう。物理的に囲われ

ていなくとも説明板などが設置されていれば、それは情報によって囲われている状態と考え、ここに分類する。

　これらは、世間的にも存在がオーソライズされた、モニュメント的な暗橋である。野良の持つ「いつか儚く消えるかもしれない」緊張感はないものの、心落ち着いて観察したりナデナデしたりできる安心感がある**【写真5・6】**。

　さてこの飼われの中でも、主に縦軸の「お手入れ」の度合いによって、以下a・b二つの亜種グループがあると考えることができる**【図3】**。

　まずは〈**飼われa**〉だ。元々あった暗橋に手を入れ、

【写真5】 江戸川区中葛西3-28、長島橋。架かっていた長島川は現在葛西親水四季の道として整備されている

【写真6】 渋谷区本町4-38にある新橋。この他、遊歩道のように整備されている和泉川（神田川支流）ではたくさんの飼われ暗橋に出会うことができる

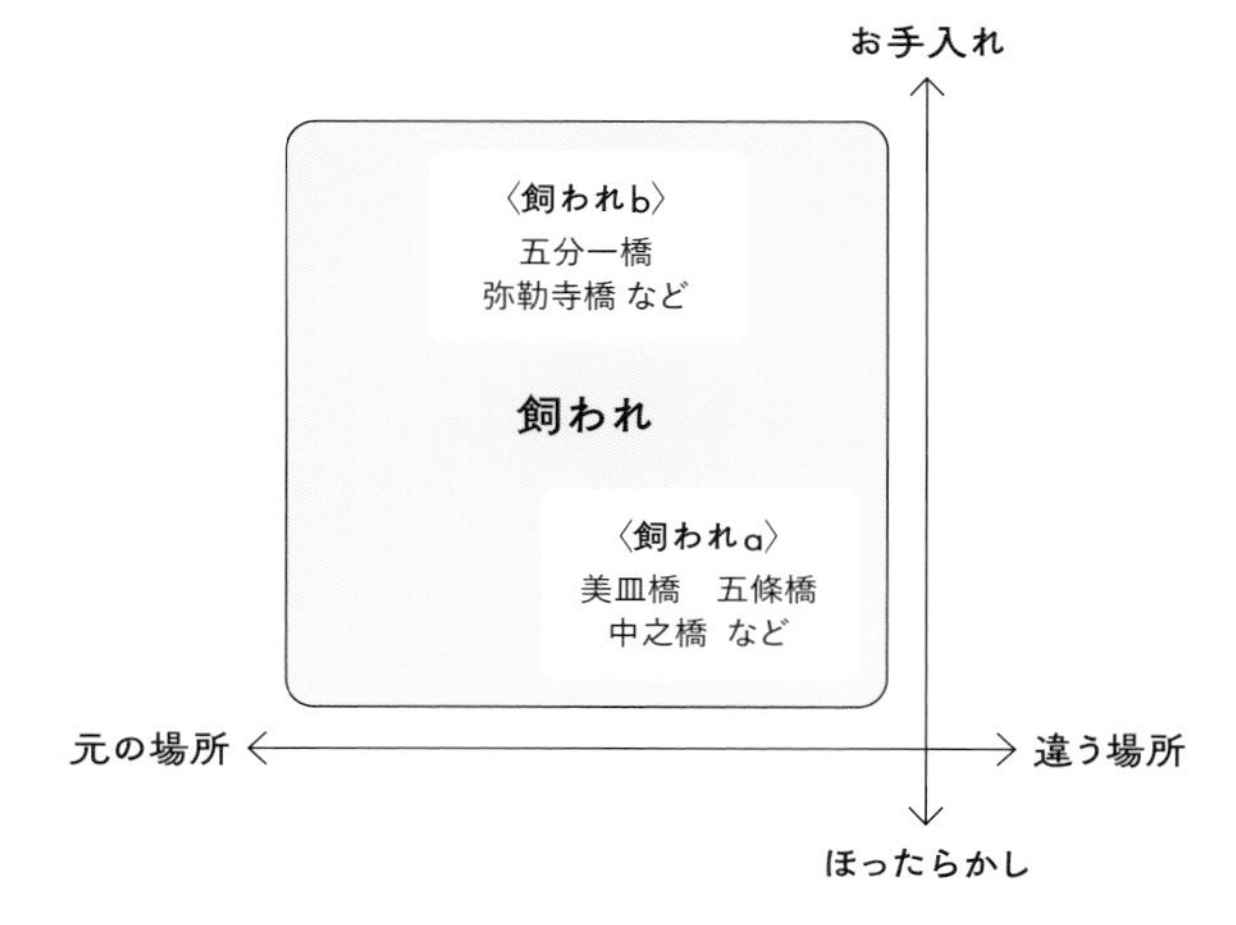

【図3】「元の場所×お手入れ」の飼われ暗橋にも二つの亜種

新たな造作物として暗橋を再構築している一群である。例えば【写真7】の**美皿橋**。左は平成22年の同橋だが、現在は右のように、銘板だけを活かし親柱のレプリカ的に作り替えられている。そして【写真8】の**五條橋**。こちらは全く新しい意匠で丸ごと再構築されている。飼い猫でいえば、トリミングを終えて見目新たになっている状態、と例えることができよう。

そうそう、こんな例もある。【写真9】は銘板だけを地面に埋め込んだ**中之橋**。トリミングが過ぎて丸裸にされてしまったか。風邪などひきませんように。

〈**飼われb**〉は物理的なお手入れではなく情報のお手入れまでしてある暗橋のグループである。往年の親柱とともにその説明板が付けられている【写真10】の**五分一橋**などがこれにあたる。このように暗橋現物またはレプリカ＋情報、というパターンが多いが、【写真11】の**弥勒寺橋**のように、すでに暗橋は消滅してしまったが情報だけを掲示しているケースもある。これも、形こそないがその情報がこの場所にしっかりと囲い込まれた形而上の飼われ暗橋であるのだ。いずれにしてもこの「暗橋の由緒を伝える情報」は、猫でいえば血統書のようなものだ。

後世に存在を語り継ぐ、標本

右上は「**標本**」。これは、元々架かっていたところとは違う場所に移されている暗橋である。橋の機能も、そして元々の座標も失ってはしまったが、暗橋の中では最も手厚く保護され安定した状態であるといえる。こうやってサルベージされ、「標本」はこの先半永久的に静かに昔を語り続けるのだ。

【写真7】大田区中央4-32、美皿橋。左は平成22年8月撮影。六郷用水北堀に架かっていた橋だ

【写真9】葛飾区柴又6-10の中之橋。銘板だけが地面に埋め込まれているという形状は、葛飾区周辺で多く見られる

【写真8】渋谷区大山町22の五條橋。すっかりモダンなデザインの今の暗橋は、平成5年に造られた

【写真11】江東区森下1-18、弥勒寺橋を伝える説明板。かつてこの橋の並びに何軒かの古い飲食店がいい感じに並んでいた

【写真10】江戸川区松島2-18の五分一橋。説明板には、この地のことや昭和57年に暗橋となったことが区の教育委員会によって語られている

そんな標本だから、これらは基本的に展示物として扱われている。**古戸越橋**（ことごえ）【写真12】は、もとあった川を見下ろす丘の上、しながわ中央公園の一角に丁寧な解説付きで、つまり「違う場所」で、情報の「お手入れ」がなされたうえで「展示」されている。また、解説ナシとお手入れ度が若干下がるものの、【写真13】の**道角橋**のように専用スペースが用意され安置されているものも同様である。

一方で微妙なのが**牛洗戸橋**【写真14】のようなケースだ。柵の中、神社の敷地内に保護されてはいるので、ギリギリこの象限の物件とした。しかし、これは果たして「展示」といっていいものなのか、それとも土留めとして利活用されているのか…。刻まれる橋の名を確かめてその

【写真12】数年前までは品川区西品川1-29古戸越川の暗渠上にあった、元・野良暗橋の古戸越橋

【写真13】杉並区成田西3-9、熊野神社境内にある道角橋。300mほど離れた善福寺川のあげ堀に架かっていた

【写真14】大田区南馬込4-9、出世稲荷神社の敷地内に安置？ される牛洗戸橋。ゴミ置き場から鉄柵越しにその名前が確認できる

存在に安堵しながらも、どこかもやもやした気持ちが残る。

捨てられ

そこで最後の象限である右下、「**捨てられ**」である。本来と違う場所にほったらかしにされている暗橋で、P78でご紹介したみなみばしや【写真15】の**桐ケ谷橋**がまさにこれである。さらに、単に放置されているだけでなく、【写真16】の**田端橋**のようなものまである。

どうしてこうなったのか、と首を傾げるばかりだが、こうして暗橋として残っているだけありがたい。むしろ、誰のどういう想いでここにこうしてあるのか、そのいきさつを想像して愉しめる、我々暗橋好きにとっての妄想娯楽装置なのである。

高山

【写真15】中野区東中野1-38、東中野会館前に無造作に置かれる桐ケ谷橋。神田川の傍流に架かっていたのだろうか

【写真16】渋谷区初台2-13、なぜか階段の一部の資材に使われている田端橋。どこに架かっていた橋なのかは不明

② 分類からこぼれ落ちる暗橋たち

現世を生きる暗橋とは次元の違う暗橋がある

ここからは暗橋分類のオマケ、番外編である。

横軸に場所、縦軸に加工度で象限を切ってプロットし、きれいに分類した気になっていたが、これも暗橋の概念をちょっと拡張しようとするとたちまち綻びが見えてくる。

たとえば、暗橋ではあったがすでに違う役割を担い、新たな「橋生」を歩んでいるものたち。そして、すでに暗橋としての実体を失くし、かろうじて橋の名前だけが残っているものたち。これらをプロットする場所がない。

まあそれはそうだ。このマトリクスはあくまでも、橋としての機能を終えたもの、かつ暗橋としての実体

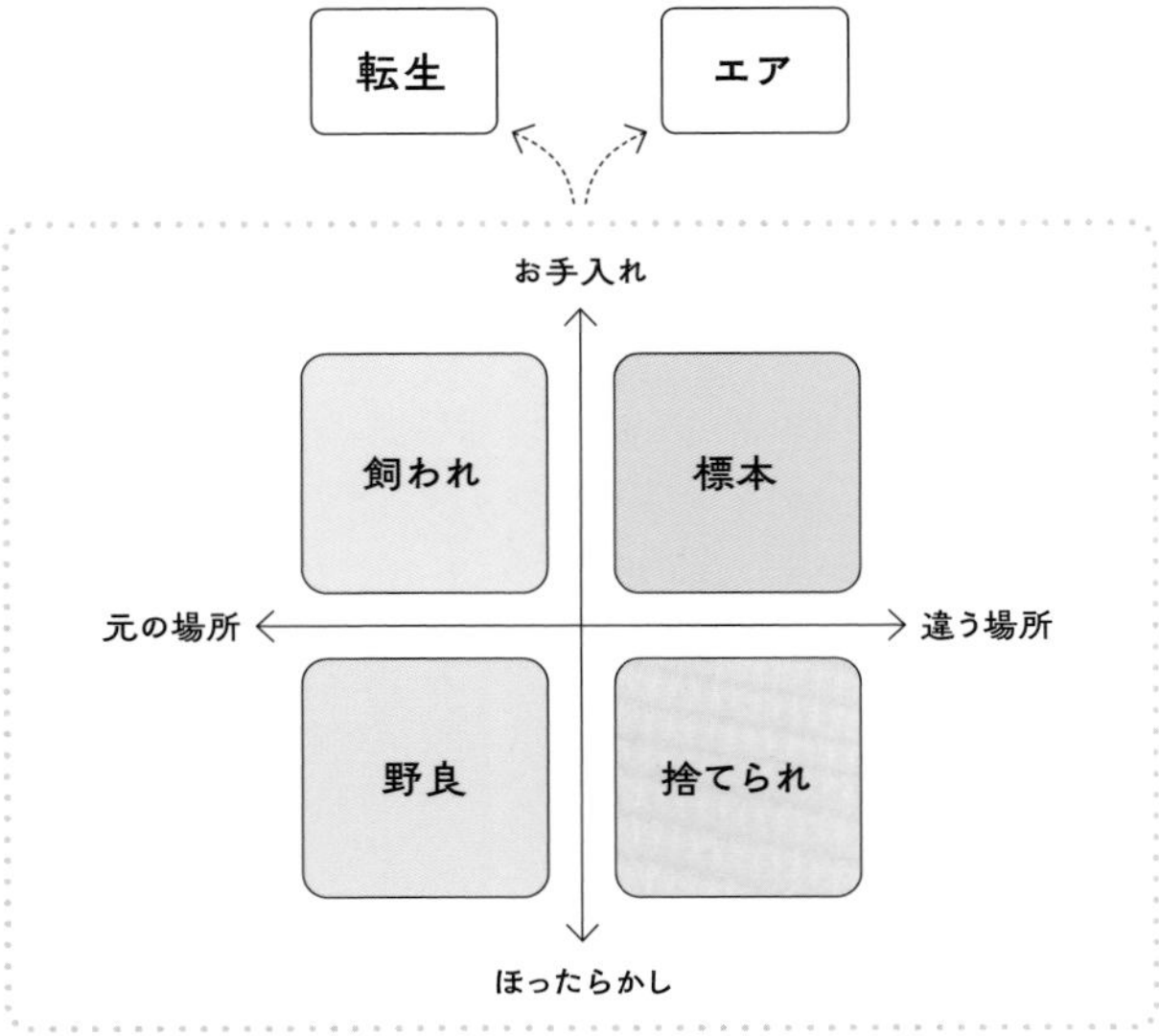

転生
エア
お手入れ
飼われ
標本
元の場所
違う場所
野良
捨てられ
ほったらかし

【図1】暗橋マトリクスからどうしてもはみ出るものがある。ここではそれを「転生」と「エア」とに分けてみた

があるものを対象としているからだ。

ではどうするか。いっそ、これらはこの実体を伴って現世に生き永らえる暗橋を超越した異次元のものたち・暗橋というかどうかも微妙な準暗橋と割り切って、【図1】のようにそれぞれマトリクス外にはみ出す「**転生**」、そして「**エア**」とカテゴライズしよう。

転生……暗橋の生まれ変わった姿

「**転生**」とは先に述べた通り、これまでと違った役割を持った橋のことである。例えば【写真1】の**川下橋**だ。この橋は旧呑川暗渠に架かる橋ではあるが、その暗渠は地面を低くしたまま旧呑川緑地として歩行者や自転車の通る道に姿を変えている。それらの上を通る陸橋として、新たな使命を帯びて生まれ変わった暗橋なのだ。

P41で紹介した江東区の**八幡橋**もこのような転生暗橋であるし、特に川をそっくり首都高速道路に作り替えた中央区の楓川・築地川では、そこに架かる**久安橋**、

【写真1】大田区大森東4-41の川下橋。トラックがびゅんびゅん通る産業道路の橋としてタフな橋生を送っている

万年橋【写真2】、**祝橋**などたくさんの転生暗橋を見ることができる。

エア……実体から解き放たれた暗橋

いっぽうの「**エア**」だが、これは実体が消滅してもなお名前だけが残る暗橋のことだ。暗橋が成仏した状態、もっと言うと、肉体（橋体）がなくなって三途の川を渡り彼岸へと行ってしまった状態ともいえるかもしれない。うーん、ちょっとよくわからなくなってきたので無理なたとえはこのくらいにしよう。

世の中にはたくさんの交差点があり、橋の名前を冠した交差点も多い。以下は髙山調べだが、23区内に「名前のついている交差点」は全部で３９５９件あり、そのうち「橋」の付く交差点は４７７件、さらにそのうち暗橋の名前が冠された交差点は１０４件存在する（うち重複カウント８件あり）【表1】。さらにさらにこのうち、その周囲に橋跡やモニュメントなどの暗橋の実体がない交差点名、つまり名前「だけ」が交差点名に残る

【写真2】中央区築地1-13の万年橋は、元築地川であった首都高速都心環状線を跨ぐ陸橋として現役

「エア暗橋」は46件（うち重複カウント6件あり）あった。その一部は本書ですでに紹介した**菊屋橋・合羽橋**、**泪橋**、**土橋**、**難波橋**【写真3・4】などである。改めて【表1】をみると、中央区の数が突出しているのがおもしろい。中央区は今でも川や橋の多い街であるが、さらに失われたものも多く抱える暗渠と暗橋の街なのである。

【表1】「MapFun」web記載の交差点を基に調べた23区別エア暗橋数。区境にあるものは重複してカウントした

	交差点数	「橋」交差点数	暗橋名交差点数	「エア暗橋」交差点数(b)
中央区	137	52	23	8
台東区	151	21	8	4
練馬区	331	21	5	4
江戸川区	162	28	7	4
港区	192	45	5	3
渋谷区	179	16	6	3
板橋区	210	44	3	3
足立区	270	26	12	3
江東区	298	48	8	2
杉並区	237	10	2	2
荒川区	60	2	2	2
千代田区	137	15	5	1
品川区	91	16	2	1
目黒区	64	7	1	1
大田区	281	11	1	1
世田谷区	303	11	4	1
豊島区	84	10	2	1
北区	101	12	2	1
葛飾区	125	22	2	1
新宿区	181	13	0	0
文京区	147	10	0	0
墨田区	148	30	3	0
中野区	70	7	1	0
23区合計	**3959**	**477**	**104**	**46**

【写真3・4】銀座8-3の土橋、8-5の難波橋は汐留川に架かっていた隣同志の橋。いまは跡形もなくともにエア暗橋となっている

もちろん交差点以外にもエア暗橋を見付けることができる。【写真5】は**三角橋**という橋を中心とした商店街があったことを示すエア暗橋物件である。交差点でも商店街でも、橋が景観上、または人々の心理上の大きなアクセントになっていたからこそ、形が失くなった今もエアとして残っているのであろう。

観音橋、**関根橋**【写真6・7】は駐輪場の名に、そして**石川橋**【写真8】は、公園の名に残っているエア暗橋だ。暗渠化した場所を駐輪場や公園などの公共施設にする例はたくさんあるので、こうしたものの名前に暗橋がエアで残るのはそう珍しいことではない。また、バス停【写真9】や建物の名前【写真10】

【写真5】 交差点名にも残る目黒区駒場4-8の三角橋。戒名が刻まれた位牌にも見えてくる

【写真6】 目黒区上目黒2-14。東急東横線中目黒駅すぐそば、蛇崩川に架かっていたのが観音橋だ

【写真7】 目黒区平町1-27。東急東横線都立大駅そばの駐輪場は、関根橋置場、呑川橋置場など暗橋名で分けられている

にエア暗橋が刻まれ残るケースもしばしば見ることができる。

こんな例もあった。暗渠の入口に立つ車止めに、まるで自作テープみたいなもので**大石橋**と貼り付けてあるもの**【写真11】**。地味。地味過ぎるが、ここが暗橋であることをどうしても伝えたいという誰かの切実な思いが込められているようで、むしろ感動すら覚えるではないか。

高山

【写真9】板橋区相生町26、蓮根川上にあるバス停、相生橋。ほぼ10分おきに、暗渠上に浮かぶ人々をすくい上げてバスが走る

【写真8】前谷津川の上に造られた、板橋区徳丸5-15の石川橋公園。しかし石川橋はどこにも見当たらない

【写真11】世田谷区下馬4-29。蛇崩川に架かっていた大石橋のエア暗橋。この地味さがたまらなくフラジャイル

【写真10】世田谷区某所、某暗渠の水車橋跡ほど近くにある集合住宅。消滅した橋の姿は、名付けた人の心の中だけに残っているのか

コラム7

暗橋テクスチャ図鑑

暗橋の表面に寄った写真ばかりを集めた「暗渠テクスチャ図鑑」を用意した。

「神は細部に宿る」という言葉がある。また、「暗黙知」で有名な科学哲学者、マイケル・ポランニーは「事物の集まりが全体として持つ意味を我々が理解するためには、それらをながめるのではなく、その中に潜入しなければならない」(『暗黙知の次元　言語から非言語へ』佐藤敬三訳)とも言っている。

暗橋という存在の意味をさらに深く理解するために、思いっきり細目に注目し暗橋に潜入、暗橋の気持ちになってみよう。

髙山

順不同　橋名／場所／架かる川／架橋年／分類

1. 千代の橋

・葛飾区西新小岩5-31
・上下之割用水
西井堀西側分流
・不明
・野良
(P49・154)

2. 古戸越橋

・品川区西品川1-27
・古戸越川
・昭和8(1933)年
・標本
(P160)

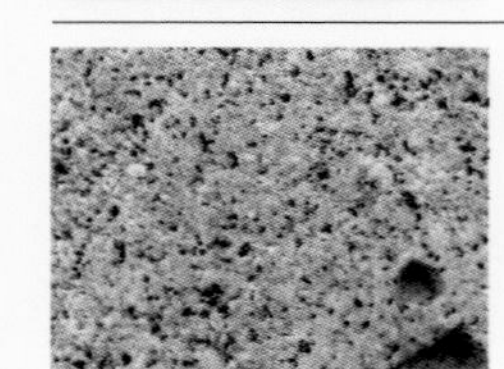

3. 更生橋

・葛飾区八広5-12
・曳舟川
・昭和8(1933)年
・標本
(P75)

4. 巽橋

・葛飾区西新小岩1-6
・上下之割用水西井堀
・昭和35(1960)年
・野良
(P48・154)

5. 南ドンドン橋

・渋谷区笹塚1-30
・玉川上水
・不明
・野良
(P128・154・155)

6. 相生橋

・渋谷区西原2-35
・玉川上水
・大正13(1924)年
・飼われ

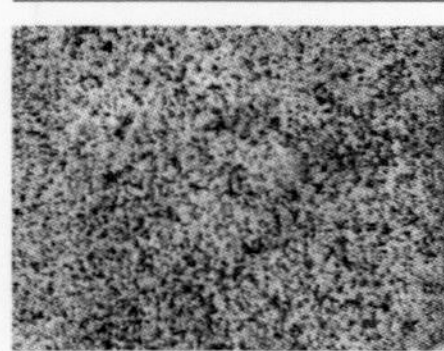

7. 北澤橋

・渋谷区大山町21
・玉川上水
・大正14(1925)年
・飼われ

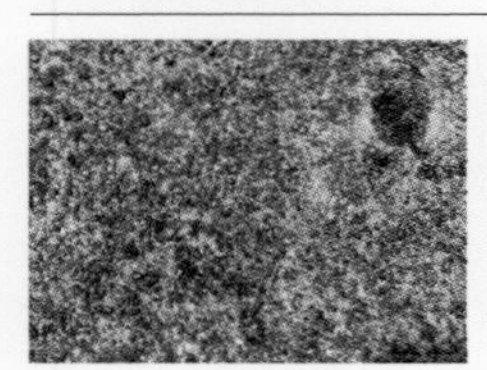

8. 下高井戸橋

・杉並区大宮1-4
・玉川上水
・昭和6(1931)年
・飼われ

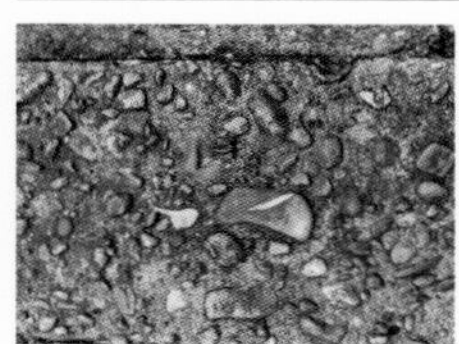

16. 今里橋

・港区白金台3-12
・三田用水
・昭和5（1930）年
・野良

（P73・154）

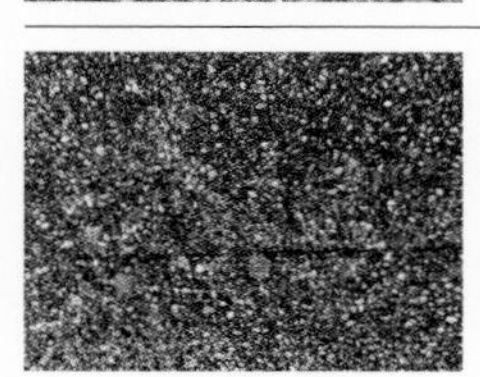

17. 新坂橋

・渋谷区代官山町18-10
・三田用水猿楽口分水
・大正13（1924）年
・野良

（P154）

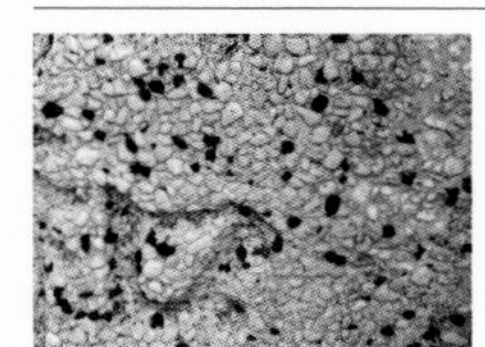

18. 原宿橋

・渋谷区神宮前3-28
・渋谷川
・昭和9（1934）年
・野良

（P17・154）

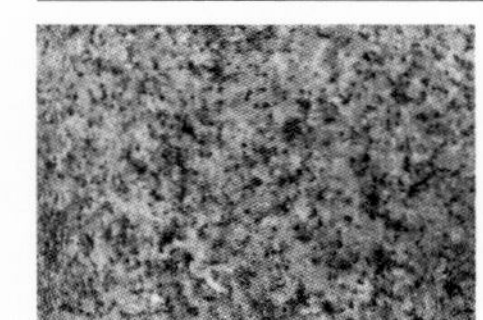

19. 参道橋

・渋谷区神宮前4-25
・渋谷川
・昭和13（1938）年
・野良

（P16・154）

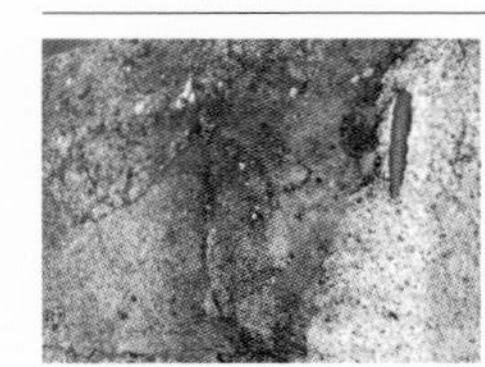

20. 桜二橋

・葛飾区鎌倉3-14
・小岩用水
・昭和43（1968）年
・野良

（P83・154）

21. 金阿弥橋

・葛飾区新宿2-22
・上下之割用水の支流
・昭和43（1968）年
・野良

（P154）

22. 元宮橋

・葛飾区堀切5-3
・古隅田川西井堀
・昭和33（1958）年
・野良

（P51・154・156）

9. 神橋

・渋谷区幡ケ谷3-38
・和泉川（神田川支流）
・昭和4（1929）年
・野良

（P154）

10. 新橋

・渋谷区本町4-38
・和泉川（神田川支流）
・昭和15（1940）年
・飼われ

（P157）

11. 村木橋

・渋谷区本町4-28
・和泉川（神田川支流）
・昭和30（1955）年
・飼われ

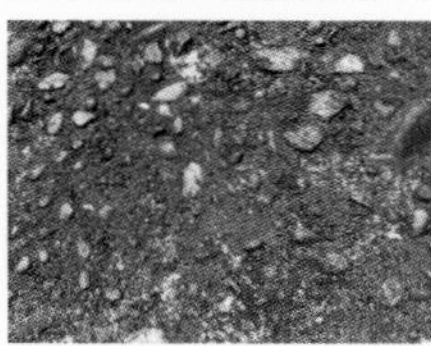

12. かう志ん橋

・中野区中央5-44
・桃園川
・大正13（1924）年
・野良

（P79・154）

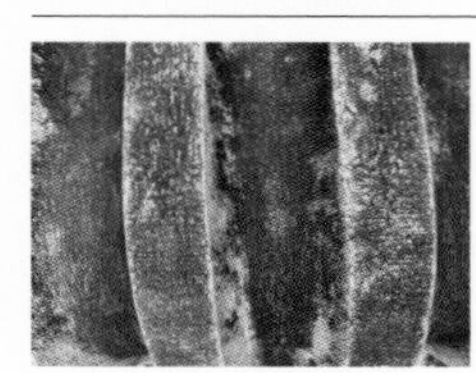

13. 堺橋

・中央区明石町11
・築地川
・昭和3（1928）年
・飼われ

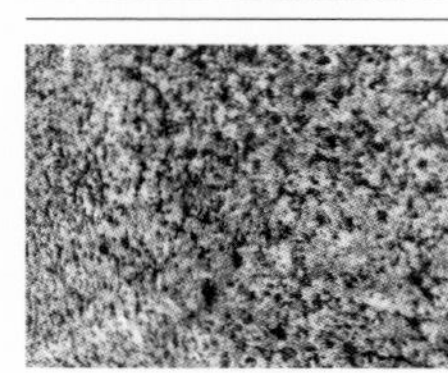

14. 荒木田新橋

・荒川区町屋6-19
・江川堀
・昭和6（1931）年
・野良

（P81・154）

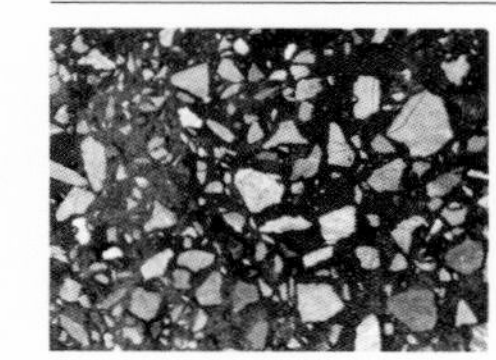

15. 澤田橋

・大田区大森北6-23
・六郷用水北堀
・昭和12（1937）年
・野良

（P154）

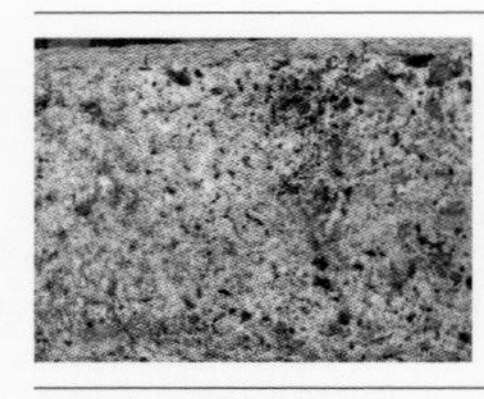

23. 玉川橋

・葛飾区四つ木2-20
・四つ木用水
・昭和38（1963）年
・野良

（P51・154）

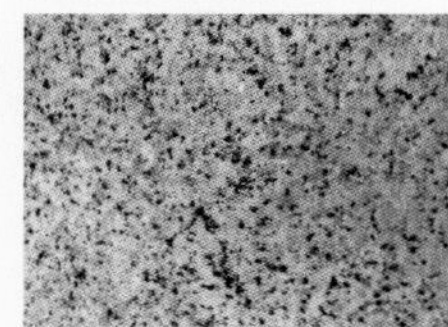

24. 大道橋

・葛飾区立石1-11
・新堀川（東井堀）
・大正11（1922）年
・野良

（P126・154）

25. 天神前橋

・葛飾区西新小岩5-23
・上下之割用水
　西井堀西側分流
・昭和40（1965）年
・野良

（P49・154）

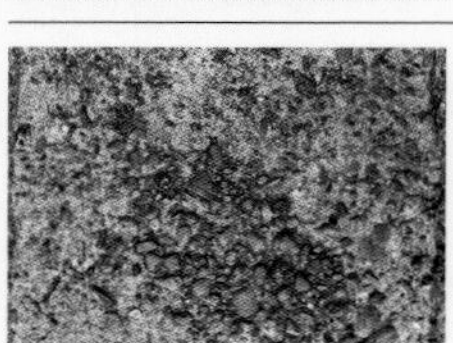

26. 仙臺橋

・北区岩淵町38-1
・石神井川上郷七ヶ村用水
・不明
・野良

（P80・154）

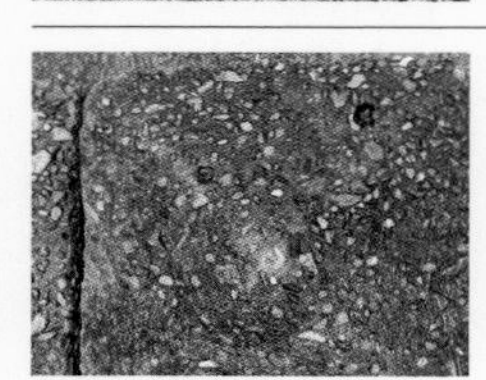

27. 八千代橋

・板橋区坂下3-25
・蓮根川の支流
・昭和31（1956）年
・飼われ

（P70）

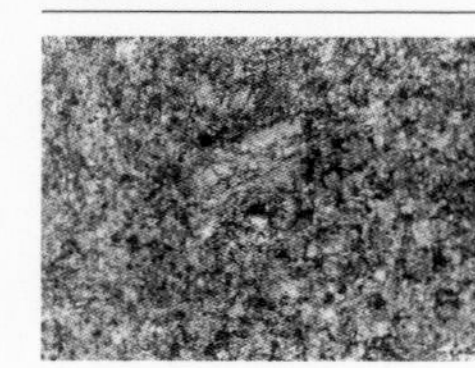

28. 日本堤橋

・台東区東浅草2-7
・山谷堀
・不明
・野良

（P34・154）

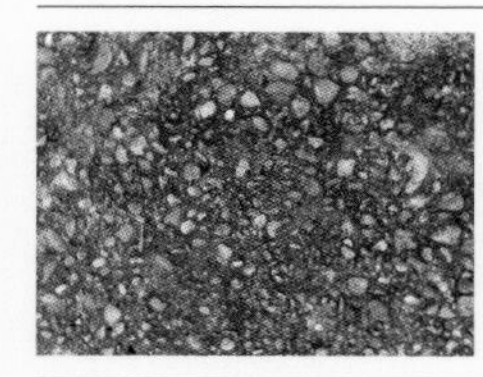

29. 道草橋

・世田谷区八幡山2-24
・烏山川
・昭和35（1960）年
・野良

（P154）

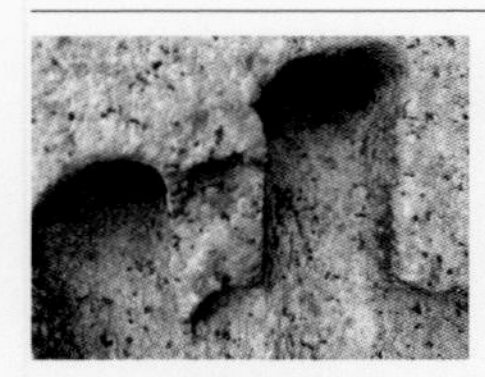

30. 千代田橋

・中央区日本橋2-16
・楓川
・昭和3（1928）年
・飼われ

（P26）

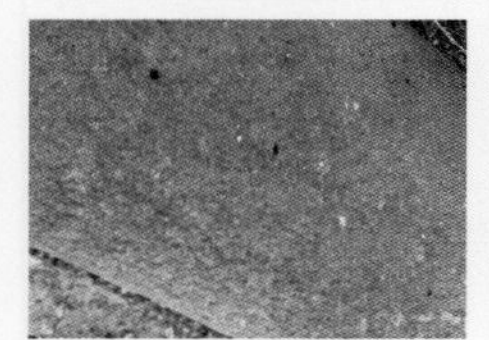

31. 牛洗戸橋

・大田区南馬込4-9
・内川
・不明
・標本

（P160）

32. 子母沢橋

・大田区中央4-10
・内川
・昭和2（1927）年
・野良

（P77・154）

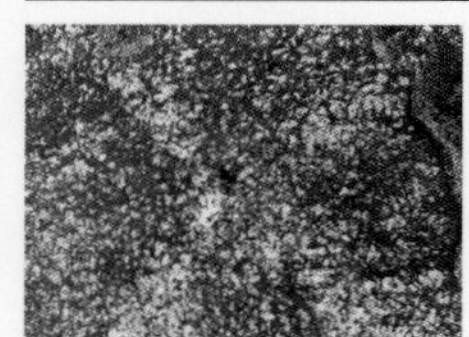

33. 三本杉橋

・北区王子本町1-1
・石神井川上郷三ヶ村用水
・不明
・野良

（P80・154）

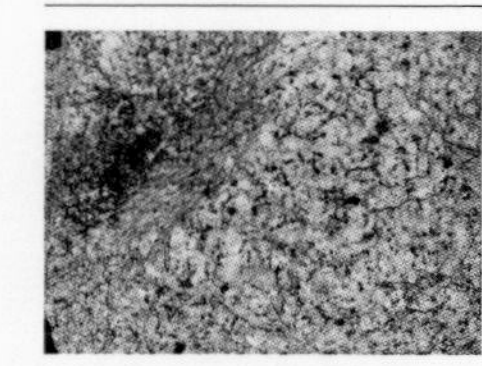

34. 池尻橋

・新宿区大京町28
・玉川上水余水吐
・不明
・飼われ

（P74）

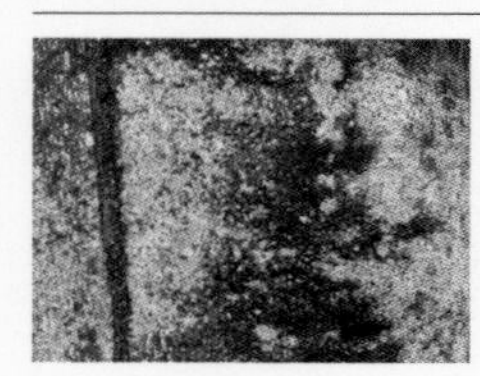

35. 和倉橋

・江東区深川2-1
・油堀川
・昭和4（1929）年
・飼われ

（P40）

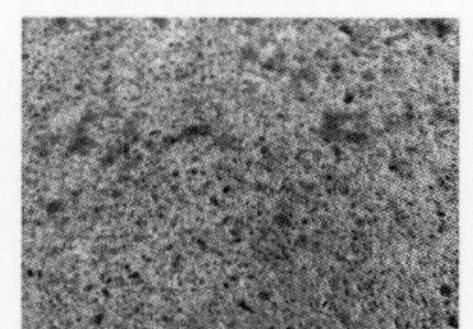

36. 南橋

・世田谷区用賀4-5
・谷沢川
・不明
・野良

（P154）

37. だいろくてんばし

- 世田谷区上用賀5-21
- 谷沢川
- 不明
- 野良

(P154)

38. 棚橋

- 練馬区北町1-10
- 田柄川
- 不明
- 飼われ

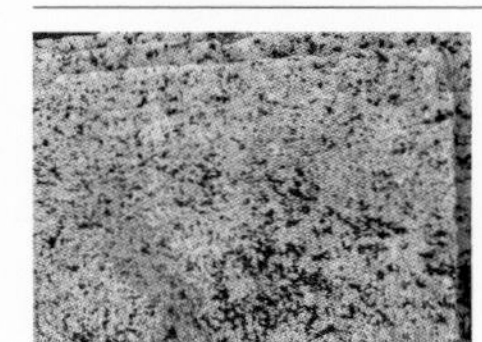

39. 九貫橋

- 江戸川区中葛西3-30
- 長島川
- 不明
- 飼われ

40. 新小袋橋

- 板橋区東坂下1-20
- 出井川
- 不明
- 飼われ

(P126)

41. に志乃はし

- 新宿区下落合1-15
- 旧妙正寺川
- 不明
- 飼われ

42. 田楽橋

- 板橋区板橋2-19
- 谷端川
- 明治43（1910）年
- 標本

(P118)

43. 藤五郎橋

- 江戸川区江戸川5-4
- 古川
- 昭和33（1958）年
- 飼われ

(P7・126)

44. 突留橋

- 江戸川区江戸川6-49
- 古川
- 昭和33（1958）年
- 飼われ

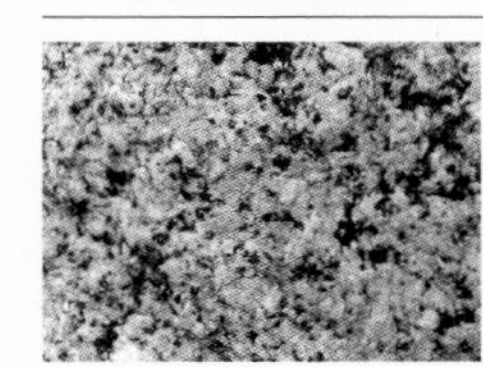

45. 庚塚橋

- 品川区大井7-6
- 品川用水
- 不明
- 飼われ

(P76)

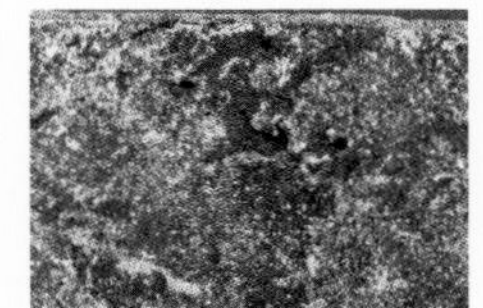

46. 初台橋

- 渋谷区初台2-4
- 初台川
- 昭和34（1959）年
- 野良

(P78・154)

47. 千種橋

- 江戸川区東葛西1-49
- 長島川
- 不明
- 野良

(P154)

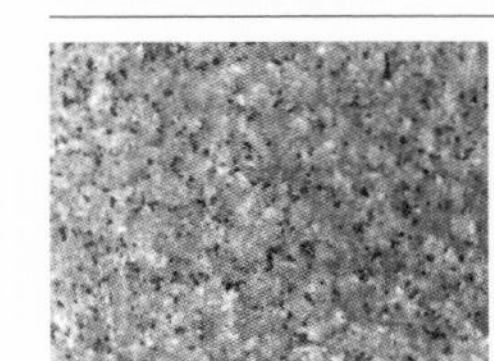

48. 松竹橋

- 大田区蒲田5-37
- 逆川
- 大正15（1926）年
- 標本

(P65)

49. 不染橋

- 豊島区巣鴨5-35
- 藍染川
- 不明
- 標本

(P80)

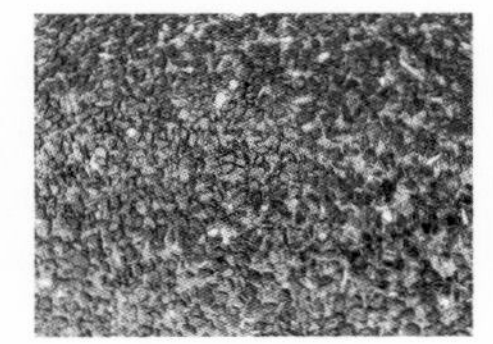

50. 中根橋

- 目黒区中根1-3
- 呑川
- 昭和13（1938）年
- 飼われ

(P77)

おわりに

ここで告白すると、実は長らく、橋というものに興味を持ちづらかった。

暗渠を探訪する時、橋跡はランドマークとなる。橋が渡される場所は、重要な場所だ。たとえば開渠をクルーズすれば、橋の話はかならず語られる。橋が見えてくると、乗客はかならず写真を撮る。一つひとつの橋に独自の意匠と、物語と、尊厳がある。橋はなんというか、立派で眩しい存在なのだ。だからこそ。より目立たないもののほうに、目を向けたいと思う自分がいた。暗渠のような暗いものに惹かれる、わたしの性分なのだろう。

そんなわたしにも、（コロナで中止になってしまったが）橋跡にフォーカスした講演依頼が来たことがあって、いよいよ橋と向き合わなければならない時がきた、と思った。そして向き合ってみると、新しい世界が拓けた。橋は漠然と眩しいものというよりも、道標のような存在になってくれた。元より情報量の多い「暗渠」の世界で、「暗橋」に着目すると、すっきりと視界が冴えてくる。なぜ残したのか。どういう意思が働いてここにあるのか。本当にそこにあったのか。それを知る人は、いることも、いないこともある。

暗橋は、設置から消滅まで、全てが人の手に委ねられている。そのため暗橋に特化することで、語りを引き出しやすいということもわかった。語りにはタイムリミットがある。資料があればまだいいほうだが、多くは「この場所に橋がある」程度の記述で、プロセスにあるものがたりは、まず記されない。さまざまな思いと記憶が、本書を介してわずかにでも残ることを願う。

本書は、このようなわたしの「橋」に対する心がわりと、元々暗橋愛の強い高山氏との合作であるが、何よりお世話になったのが、これまた橋愛の強い編集者の磯部さんである。編集上の重要なアドバイスはもちろん、磯部さんの采配により、暗橋はさらにきらめきを増していった。我々の暗橋愛を汲み取って素敵なデザインを生み出してくださったデザイナーの吉田さんにも、感謝申し上げたい。それから、全ての暗橋に関する情報をくださった皆さま、インタビューに答えてくださった皆さまにも。ありがとうございました。

東京に限らず全ての街で、暗橋とともにあらんことを。

吉村　生

参考文献

『街別イメージランキングTOP10』(令和3年)メトロアドエージェンシー
『フラジャイル　弱さからの出発』松岡正剛／筑摩書房
WEB『シブヤ経済新聞』平成30年8月2日号
「春の小川」はなぜ消えたか　渋谷川にみる都市河川の歴史』田原光泰／之潮
『渋谷の橋』渋谷区教育委員会
『東京の橋　生きている江戸の歴史』石川悌二／新人物往来社
『消えた大江戸の川と橋―江戸切絵図探索』杉浦康／小学館スクウェア
『わたくしの東京地図』高橋義孝／文藝春秋新社
『金竜小創立80周年記念誌』
『新堀端今昔』尾藤三柳／川柳公論社
『川の地図辞典　江戸・東京／23区編』菅原健二／之潮
『ゆこうあるこう　こうとう文化財まっぷ』江東区教育委員会
『資料館ノート』江東区深川江戸資料館
『橋を透して見た風景』紅林章央／都政新報社
『深川江戸散歩』藤沢周平他／新潮社
『東京の橋　水辺の都市景観』伊東孝／鹿島出版会
『北斎の橋　すみだの橋』すみだ北斎美術館
WEB江東区HP(橋一覧)
https://www.city.koto.lg.jp/machizukuri/dorohashi/hashinado/index.html
『昭和30年、40年代の江東区―懐かしい昭和の記録』／青木満監修／三冬社
『江東区の川(堀)・道・乗り物の変遷と人々』江東区教育委員会
WEB「金魚の吉田」HP
http://www.kingyo-yoshida.com/company/index.html
大田区立郷土博物館紀要「大田区内　昭和43(1968)年撮影の橋梁・踏切写真と現代写真の比較作業」佐藤弘邦
『蒲田撮影所とその附近』月村吉次
『大田区の文化財第7集　大田区の神社』大田区教育委員会
『六郷歴史散歩』伊藤一也編
『六郷用水』大田区立郷土博物館
『郷土　板橋の橋』いたばしまち博友の会
『板橋マニア』板橋区監修／フリックスタジオ
『いたばしの地名』板橋区教育委員会
「水のまちの記憶」～中央区の堀割をたどる～』
清水聡／中央区教育委員会・中央区立郷土天文館
『歴史を訪ねて』目黒区企画経営部区民の声担当／目黒区
『沖田総司を歩く』大路和子／新潮文庫
『新選組史跡辞典(東日本編)』新人物往来社
『北区の歴史はじめの一歩～王子東地区編～』北区中央図書館
『ねりまの文化財』練馬区教育委員会生涯学習課
『ごぶいち　人・生活・文化』五分一史談会／鼎書房
『北区史 通史編近世』北区
『杉並風土記　上巻』森泰樹／杉並郷土史会
『写真は語る』板橋区教育委員会

『渋谷はいま』渋谷区役所
『増補版　荒川区土木誌』荒川区役所編
『讃岐の道ばた』古市寛／香川県道路協会
日本の石仏「データベースからみた石橋供養塔―武蔵国を中心に―」南川光一
『足立区文化財調査報告書　庚申塔編』足立区教育委員会社会教育課
『〝まち博〟ガイドブック　下赤塚・成増・徳丸・高島平』板橋区教育委員会
『大田区の文化財第37集　大田区の石造遺物―大田区指定文化財・金石文を中心に―』大田区教育委員会
『せたかい』世田谷区誌研究会
『世田谷区石造遺物調査報告書Ⅳ 道標および供養塔』世田谷区教育委員会
『杉並の石造物（記念碑等）』杉並区教育委員会
『橋梁設計図集　第三輯』復興局土木部橋梁課編／シビル社
『本牧・北方・根岸』長沢博幸
『荒川区史跡散歩』高田隆成・荒川史談会／学生社
『都電荒川線に乗って』荒川ふるさと文化館
『あしたのジョー』ちばてつや・高森朝雄（梶原一騎）／講談社
『御府内備考六（御曲輪内之四）』三島六郎正行監修
『十番わがふるさと』稲垣利吉
『六郷用水聞き書き』六郷用水の会
『品川区の橋と坂』品川区教育委員会
『世田谷の河川と用水』東京都世田谷区教育委員会
WEB中野区公式ホームページ
『杉並区立郷土博物館研究紀要別冊　杉並の川と橋　研究紀要第11号・第12号合併号』杉並区立郷土博物館
『杉並区管内特別区道橋梁位置図』杉並区
『旧谷端川の橋の跡を探る』豊島区郷土資料館友の会
『荒川区土木誌』荒川区役所土木部
『板橋の橋』いたばしまち博友の会
『いたばしの河川　いたばしの河川：その変遷と人びとのくらし』板橋区教育委員会事務局社会教育課
『かつしかの橋　葛飾橋梁調査報告』葛飾区教育委員会社会教育科
『昭和43年4月1日現在区道に架かる橋梁現況一覧』江戸川区土木部
『令和4年特別展示　かつしかと橋～橋名板が語る橋の歴史～』葛飾区郷土と天文の博物館
『岡村百景　見えなくなった禅馬川』葛城峻
『ゼンリン住宅地図　葛飾区　昭和48年』株式会社ゼンリン
『ゼンリン住宅地図　葛飾区　昭和55年』株式会社ゼンリン
『増補　写された港区三（麻布地区編）』港区教育委員会
『大山巌　剛腹にして果断の将軍』三戸岡道夫／PHP文庫
漢方の臨床21「江戸史跡「道三橋」「道三堀」「道三河岸」などについて」矢数道明
『東京名所図会』中野了随／小川尚栄堂
『大江戸橋ものがたり』石本馨／学習研究社
『東京市史稿』東京都
『東京の橋と景観』東京都建設局道路管理部道路橋梁課
読売新聞　各号（読売新聞社）
朝日新聞　各号（朝日新聞社）

髙山 英男（たかやま ひでお）

中級暗渠ハンター（自称）。栃木県生まれ。日本地図学会会員。本職は広告会社のマーケターで、日本マーケティング協会マーケティングマスター。
分類や分析が大好きで、それを元にフレームワークを作るのが趣味。2009年の6月に突然「自分の心の中にある暗渠」に気づいたのがきっかけで暗渠にハマる。2015年以降は吉村とコンビで著述をする機会が多いが、トーク等イベントの際は二人まとめてユニット名「暗渠マニアックス」を名乗っている。
Twitter : @lotus62ankyo
Blog :「毎日暗活！暗渠ハンター」
http://lotus62ankyo.blog.jp/

吉村 生（よしむら なま）

深堀型暗渠研究家。本業の傍ら暗渠探索に勤しみ、暗渠のツアーガイドや講演なども行う。郷土史を中心とした細かい情報を積み重ね、じっくりと掘り下げていく手法で、暗渠の持つものがたりに耳を傾けている。
髙山との共著に『まち歩きが楽しくなる 水路上観察入門』（KADOKAWA）、『暗渠パラダイス！』（朝日新聞出版）、『暗渠マニアック！』（柏書房）など。
Twitter : @nama_kaeru
Instagram : @namakaeru
Blog :「暗渠さんぽ」
http://kaeru.moe-nifty.com/
Web :「暗渠マニアックス」
https://www.ankyomaniacs.com/

編集　磯部祥行（実業之日本社）
装丁・デザイン・DTP　吉田恵美（mewglass）

「暗橋（あんきょう）」で楽（たの）しむ東京（とうきょう）さんぽ
暗渠（あんきょ）にかかる橋（はし）から見（み）る街（まち）

2023年1月31日 初版第1刷発行

著者　髙山英男（たかやまひでお）・吉村 生（よしむら なま）
発行者　岩野裕一
発行所　株式会社 実業之日本社
〒107-0062　東京都港区南青山5-4-30
emergence aoyama complex 3F
電話　03-6809-0452（編集）　03-6809-0495（販売）
https://www.j-n.co.jp/
印刷・製本　大日本印刷株式会社

ISBN978-4-408-65038-8（第一新企画）